Praxishandbuch SAP® CAP

Cloud Application Programming Model

Johannes Gerbershagen

Willkommen bei Espresso Tutorials!

Unser Ziel ist es, SAP-Wissen wie einen Espresso zu servieren: Auf das Wesentliche verdichtete Informationen anstelle langatmiger Kompendien – für ein effektives Lernen an konkreten Fallbeispielen. Viele unserer Bücher enthalten zusätzlich Videos, mit denen Sie Schritt für Schritt die vermittelten Inhalte nachvollziehen können. Besuchen Sie unseren YouTube-Kanal mit einer umfangreichen Auswahl frei zugänglicher Videos: *https://www.youtube.com/user/EspressoTutorials*.

Kennen Sie schon unser Forum? Hier erhalten Sie stets aktuelle Informationen zu Entwicklungen der SAP-Software, Hilfe zu Ihren Fragen und die Gelegenheit, mit anderen Anwendern zu diskutieren:

http://www.fico-forum.de.

Eine Auswahl weiterer Bücher von Espresso Tutorials:

- Tobias Steckenborn:
  Schnelleinstieg SAP® Business Technology Platform (BTP) – Services und Integration *http://5642.espresso-tutorials.de*
- Johannes Gerbershagen:
  Praxishandbuch SAP® Gateway
  http://5648.espresso-tutorials.de
- Dr. Boris Rubarth:
  Schnelleinstieg in SAP ABAP® – 2., erweiterte Auflage
  https://es-tu.de/amfw2F
- Ulrich Bähr, Axel Treusch:
  Praxisbuch SAP® Interactive Forms und Adobe LiveCycle Designer – 2., erweiterte Auflage *https://es-tu.de/nspidt*
- Thomas Stutenbäumer:
  SAP® Praxishandbuch ABAP Teil 1 – Konzeption, Entwicklung und Debugging – 2., erweiterte Auflage
  https://es-tu.de/9LZg
- Thomas Stutenbäumer:
  SAP® Praxishandbuch ABAP® Teil 2 – Performance, Erweiterungen, Transportwesen – 2., erweiterte Auflage *https://es-tu.de/tq1cB3*

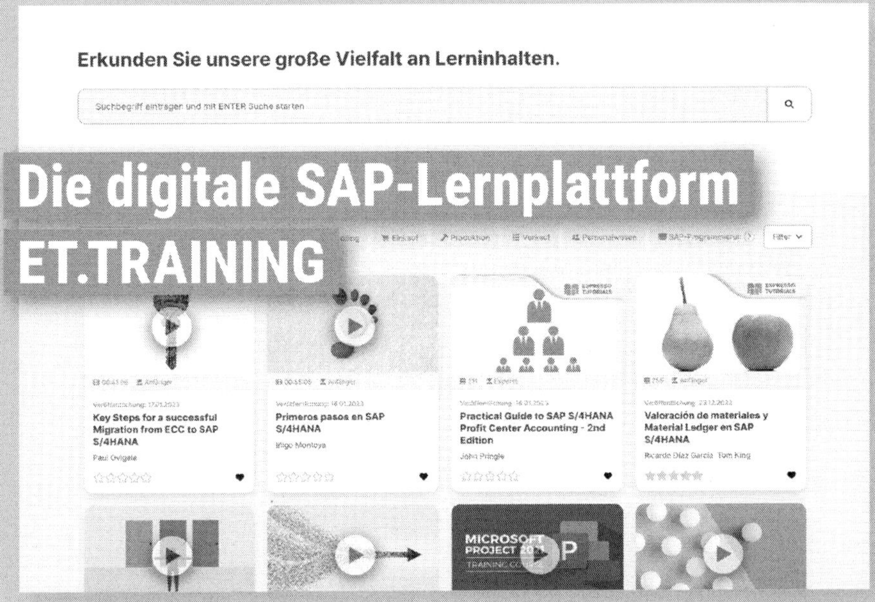
Erkunden Sie unsere große Vielfalt an Lerninhalten.
Suchbegriff eintragen und mit ENTER Suche starten
Die digitale SAP-Lernplattform
ET.TRAINING
Key Steps for a successful Migration from ECC to SAP S/4HANA
Primeros pasos en SAP S/4HANA
Practical Guide to SAP S/4HANA Profit Center Accounting - 2nd Edition
Valoración de materiales y Material Ledger en SAP S/4HANA

Bibliografische Information der Deutschen Bibliothek
Die Deutsche Nationalbibliothek verzeichnet diese Publikation in der Deutschen Nationalbibliografie; detaillierte bibliografische Daten sind im Internet über https://portal.dnb.de abrufbar.

Johannes Gerbershagen
Praxishandbuch SAP® CAP – Cloud Application Programming Model

ISBN: 978-3-960122-15-9

Lektorat: Bernhard Edlmann

Korrektorat: Die Korrekturstube

Coverdesign: Philip Esch

Coverfoto: iStockphoto.com | millionsjoker No. 488649482

Satz & Layout: Johann-Christian Hanke

1. Auflage 2023

URL: *www.espresso-tutorials.de*

Feedback:
Wir freuen uns über Fragen und Anmerkungen jeglicher Art. Bitte senden Sie diese an: *info@espresso-tutorials.com*.

Inhaltsverzeichnis

Vorwort

Dieses Buch behandelt das SAP Cloud Application Programming Model (SAP CAP). SAP CAP basiert nicht auf ABAP, ist aber für ABAP-Entwickler, Node.js-Entwickler oder Webentwickler leicht zu erlernen, da es die Konzepte des SAP-RAP-Programmiermodells übernimmt und mit den Node.js- und den Webentwicklungswerkzeugen kombiniert. Als erfahrener ABAP-Entwickler verlassen Sie mit SAP CAP die gewohnte Programmierumgebung. Das erfordert von Ihnen eine Umorientierung. Unter anderem müssen Sie sich mit Kommandozeilenwerkzeugen wie dem Node.js-Paketmanager »npm« vertraut machen. Dieses Werkzeug ist Ihnen bestimmt schon einmal begegnet, wenn Sie aus der Node.js-Ecke kommen. Mit etwas Routine können Sie vieles schneller und einfacher implementieren als mit anderen SAP-Programmiermodellen. Sie brauchen beispielsweise keine Verbuchungsroutinen oder langwierigen Eingabeprüfungen mit ABAP zu implementieren. Ebenso entfallen die redundante Datenhaltung und der damit verbundene Zusatzaufwand bei der Entwicklung. Bevor Sie die Zeitersparnis nutzen können, steht jedoch die Investition in Ihr Know-how an. Dabei soll Ihnen dieses Buch behilflich sein:

- Viele Probleme, die mich als SAP-CAP-Neuling Zeit gekostet haben, sind in diesem Buch berücksichtigt, sodass Sie in derselben Situation schnell eine Lösung bereithaben.
- Kapitel 3 enthält eine realistische Beispielanwendung, die die unterschiedlichen Aspekte beleuchtet.

Beispielanwendung

Die Beispielanwendung finden Sie im GitHub-Repository *https://github.com/germanysources/CAP_sample_app*.

Vorkenntnisse von SAP RAP und UI5 sind auch bei SAP CAP hilfreich. Während Sie bei SAP RAP mit dem SAP Gateway Service Builder aus ABAP-Dictionary-Strukturen oder aus CDS-Views OData-Services generiert haben, verwenden Sie bei SAP CAP dazu die Core Data Services für CAP.

SAP CAP ist nicht nur auf UI5-Applikationen beschränkt. Sie können mit SAP CAP auch Webapplikationen mit einem Framework Ihrer Wahl oder nur mit HTML5 und den nativen Web-APIs, die Ihnen moderne Browser zu Verfügung stellen, entwickeln. Es besteht bei SAP CAP im Vergleich zu anderen SAP-Produkten kein Vendor Lock-in. Die Komponenten, die Sie für Entwicklung und Betrieb von SAP-CAP-Applikationen benötigen, sind unter Open-Source-Lizenzen verfügbar. Die SAP-HANA-Datenbank und die SAP Business Technology Platform (BTP) sind nur zwei Möglichkeiten, die Applikationen zu betreiben. Es hindert Sie niemand daran, SAP-CAP-Applikationen mit einer SQLite- oder einer PostgreSQL-Datenbank im Hintergrund selbst zu hosten. Wenn Sie eine Webapplikation mit nutzergenerierten Inhalten entwickeln möchten, ist SAP CAP ein Programmiermodell, das es zu evaluieren lohnt.

In den Text sind Kästen eingefügt, um wichtige Informationen besonders hervorzuheben. Jeder Kasten ist zusätzlich mit einem Piktogramm versehen, das diesen genauer klassifiziert:

☛ Hinweis

Hinweise bieten praktische Tipps zum Umgang mit dem jeweiligen Thema.

! Achtung

Warnungen weisen auf mögliche Fehlerquellen oder Stolpersteine im Zusammenhang mit einem Thema hin.

Die Form der Anrede

Um den Lesefluss nicht zu beeinträchtigen, verwenden wir im vorliegenden Buch bei personenbezogenen Substantiven und Pronomen zwar nur die gewohnte männliche Sprachform, meinen aber gleichermaßen Personen weiblichen und diversen Geschlechts.

Hinweis zum Urheberrecht

Sämtliche in diesem Buch abgedruckten Screenshots unterliegen dem Copyright der SAP SE. Alle Rechte an den Screenshots hält die SAP SE. Der Einfachheit halber haben wir im Rest des Buches darauf verzichtet, dies unter jedem Screenshot gesondert auszuweisen.

1 Grundgedanken

In diesem Kapitel möchte ich Ihnen die grundsätzlichen Konzepte des SAP Cloud Application Programming Model (CAP) und die einschlägigen Entwicklungswerkzeuge vorstellen.

1.1 Unterschiede zwischen SAP CAP und SAP RAP

Sowohl SAP CAP als auch SAP RAP verwenden OData-Services für CRUD-Operationen (**C**REATE, **R**EAD, **U**PDATE, **D**ELETE). Alle Algorithmen, die Sie mit SAP CAP entwickeln, können Sie daher auch mit ABAP und SAP RAP umsetzen. Der Hauptunterschied besteht in der Datenhaltung. SAP CAP verwendet als erstes Programmiermodell nicht mehr das ABAP Dictionary zur Datenmodellierung, sondern die anwendungsspezifische Programmiersprache CAP CDS (Core Data Services für CAP), mit der Sie Strukturen, Entitäten und Assoziationen beschreiben. Adapter setzen dabei das in CAP CDS definierte Datenmodell in ein für die Datenbank passendes *Datenbankschema* um. Der Begriff »Datenbankschema« steht dabei für eine Kollektion aus Datenbanktabellen und für die Relationen der Tabellen untereinander. Es sind u. a. Adapter für SQLite, das hauptsächlich zu Entwicklungs- und Testzwecken dient, sowie für SAP HANA und PostgreSQL vorhanden.

Aus dem Datenmodell erstellen Sie Servicedefinitionen, die SAP CAP in OData-Services umsetzen kann. Die Servicedefinition enthält Projektionen oder Views auf Entitäten des Datenmodells. Aus Projektionen erstellt SAP CAP OData-Services zum Lesen oder Modifizieren von Entitäten. SAP CAP und die Adapter kümmern sich dabei darum, Anfragen an die OData-Services in native SQL-Statements umzusetzen und die Resultate der SQL-Abfragen an den Aufrufer weiterzugeben. Dies entspricht dem SAP Gateway (SAP RAP), nur dass SAP CAP keine Modell- und Datenanbieterklassen generiert. Über die Arbeitsweise des SAP Gateway erfahren Sie mehr in meinem »Praxishandbuch SAP Gateway« (Espresso Tutorials, 2021).

1.1.1 Boilerplate-Code

Mittels Annotationen implementieren Sie mit CAP CDS Bedingungen (z. B. Mussfelder). Das Ziel dabei ist es, *Boilerplate-Codes* zu vermeiden. Unter Boilerplate-Code versteht man mehrfach vorhandene Code-Segmente, die dieselbe Funktionalität bereitstellen bzw. weitestgehend identisch sind. Ein Beispiel sind Eingabeprüfungen. Im BAPI BAPI_GOODSMVT_CREATE ist die Eingabeprüfung händisch mit vielen IF-Klauseln implementiert. Unter anderem wird geprüft:

- Existiert die Materialnummer?
- Existiert die Bewegungsart?
- Existiert der Lagerort?

SAP CAP nimmt Ihnen diese Arbeit ab. Sie definieren sich ein Datenmodell mit

- den Materialstammdaten,
- den Bewegungsarten,
- den Lagerortstammdaten und
- den Materialbelegpositionen.

Im Datenmodell geben Sie dann mittels Assoziationen an, dass die Materialnummer aus den Materialstammdaten, die Bewegungsart aus der Bewegungsartentabelle und der Lagerort aus den Lagerortstammdaten stammt. SAP CAP prüft nun beim Erstellen einer Materialbelegposition diese Zusammenhänge und wirft einen Fehler, wenn die Materialbelegposition inkonsistent ist.

1.2 Entwicklungswerkzeuge für SAP CAP

Die SAP-CAP- und die ABAP-Entwicklung unterscheiden sich beim Einsatz der Entwicklungswerkzeuge. Bei der ABAP-Entwicklung gibt es im Regelfall immer ein Entwicklungssystem, auf dem Sie mit dem SAP GUI bzw. mit den ABAP Development Tools arbeiten. Bei SAP CAP entfällt das klassische Entwicklungssystem. Sie verwenden Ihren eigenen Rechner, um Programme zu erstellen und zu testen. Daher können Sie SAP GUI bzw. die ABAP Development Tools erstmal beiseitelegen. Stattdessen installieren Sie Node.js (*https://nodejs.org/*) und eine Entwicklungsumgebung Ihrer Wahl (z. B. Microsoft Visual Studio Code oder SAP Business Application Studio), die JavaScript bzw. Java-Projekte unterstützt und Ihnen eine Kommandozeile bietet (Bash bei macOS und Linux, Powershell, Eingabeaufforderung bzw. Git Bash bei Windows).

Node.js ist eine JavaScript-Umgebung für die Entwicklung von Webservices und bietet mit der NPM Registry viele Open-Source-Pakete, die Ihnen auf einfache Art den Aufbau eines Webservice ermöglichen. Dies hat sich auch die SAP zunutze gemacht und das CAP-SDK (Source Development Kit) in der NPM Registry veröffentlicht. Damit Sie nicht alle Pakete händisch von der NPM Registry herunterladen müssen, kommt Node.js mit dem Paketmanager npm im Schlepptau. Sie bedienen npm über die Kommandozeile Ihrer Entwicklungsumgebung. Dieses Werkzeug lädt Ihnen u. a. alle Pakete herunter, die Sie für Ihr Projekt benötigen. Die folgenden npm-Befehle sollten Sie kennen, bevor Sie mit der Entwicklung starten:

- `npm install`: Installiert alle benötigten Pakete, die in der Datei »package.json« angegeben wurden. Pakete werden aus der Registry *https://registry.npmjs.com* geladen. Unter *https://npmjs.com* durchsuchen Sie die Registry.
- `npm install @sap/cds-dk`: Installiert das Paket »@sap/cds-dk« (CAP-SDK) lokal im aktuellen Verzeichnis.
- `npm install -g @sap/cds-dk`: Installiert das Paket »@sap/cds-dk« global auf Ihrem Computer, sodass es für alle Projekte zur Verfügung steht.

Um ein neues Projekt zu starten, erstellen Sie als Erstes ein Verzeichnis lokal auf Ihrer Festplatte. Öffnen Sie die Kommandozeile und wechseln Sie in das Verzeichnis. Mit dem Befehl `npx cds init` erstellen Sie die initiale Ordnerstruktur für Ihr Projekt (siehe Abbildung 1.1). Sollte die Kommandozeile den Befehl nicht finden, fehlt Ihnen noch das CAP-SDK.

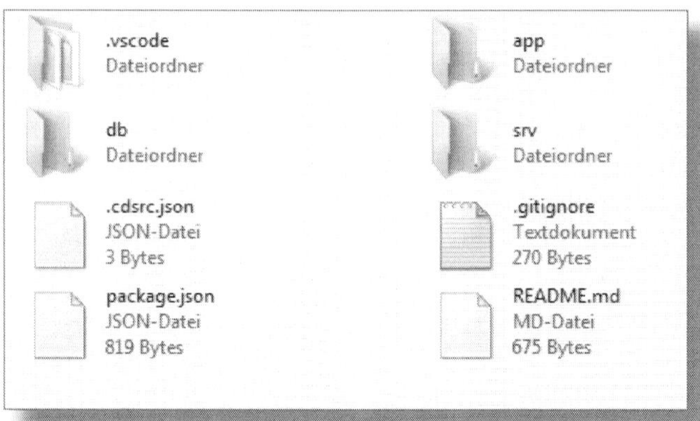

Abbildung 1.1: CAP-Projekt – initiale Ordnerstruktur

Die Ordner haben folgende Bedeutung:

- *.vscode*: Einstellungen für Visual Studio Code (VS-Code, Entwicklungsumgebung der Firma Microsoft)
- *app*: Ordner für die Clientapplikationen
- *db*: Ordner für Schemadefinitionen (siehe Abschnitt 2.3)
- *srv*: Ordner für Servicedefinitionen (siehe Abschnitt 2.3)
- *.cdsrc.json*: lokale Projekteinstellungen
- *.gitignore*: Dateien, die das Versionsverwaltungswerkzeug »git« ignoriert
- *package.json*: lokale Paketkonfiguration
- *README.md*: Dokumentationsdatei

Die Dateien müssen Sie immer in den passenden Verzeichnissen ablegen. Eine Schemadefinition im Ordner SRV oder eine Servicedefinition im Ordner DB kann SAP CAP nicht verarbeiten. Während der Entwicklung legt npm das Verzeichnis »node_modules« sowie die Datei »package-lock.json« an, die zur Verwaltung der Pakete dient.

Wenn Sie mit VS-Code arbeiten, installieren Sie die Erweiterung SAP CDS LANGUAGE SUPPORT (siehe Abbildung 1.2).

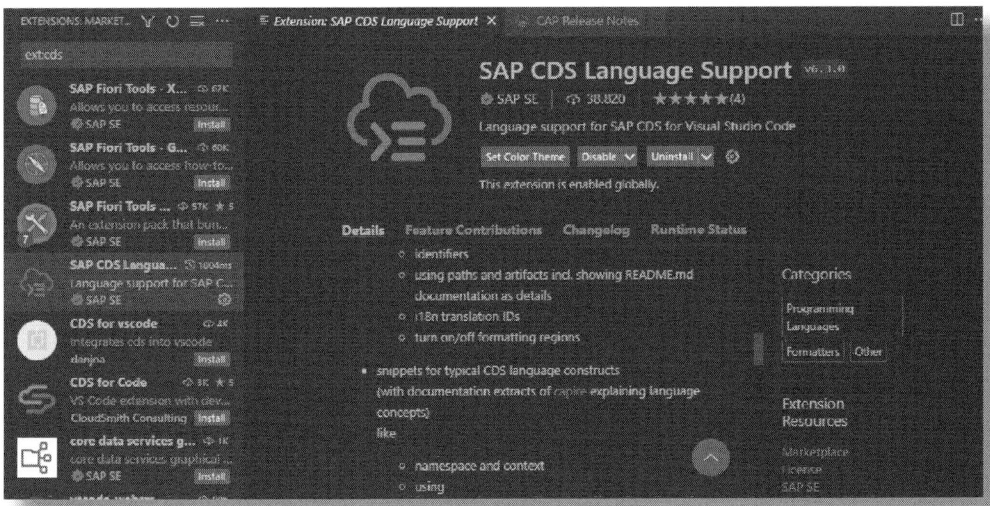

Abbildung 1.2: VS-Code – Erweiterung

Diese Erweiterung bietet Ihnen Syntax-Highlighting und Source-Code-Prüfung (siehe Abbildung 1.3).

```
CAP Release Notes    schema.cds ×
db > schema.cds > ...
using { managed, sap, Country, User } from '@sap/cds/common';
namespace sap.capire.tours;

entity VehicleTypes @(restrict: [
  { grant: 'READ' },
  { grant: 'WRITE', to: 'Dispatcher' }
]) : managed {
  key ID : UUID;
  text : localized String(100);
}

```

Abbildung 1.3: VS-Code – Syntax-Highlighting

Die Kommandozeile finden Sie im Menü TERMINAL • NEW TERMINAL (siehe Abbildung 1.4).

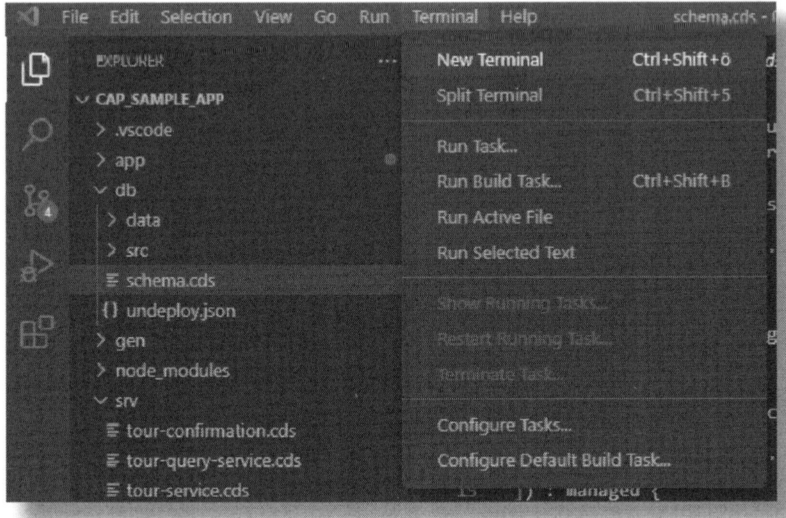

Abbildung 1.4: VS-Code – Kommandozeile öffnen

Abbildung 1.5 zeigt die Kommandozeile. Ein Kommando bestätigen Sie immer mit `Enter`, um es auszuführen.

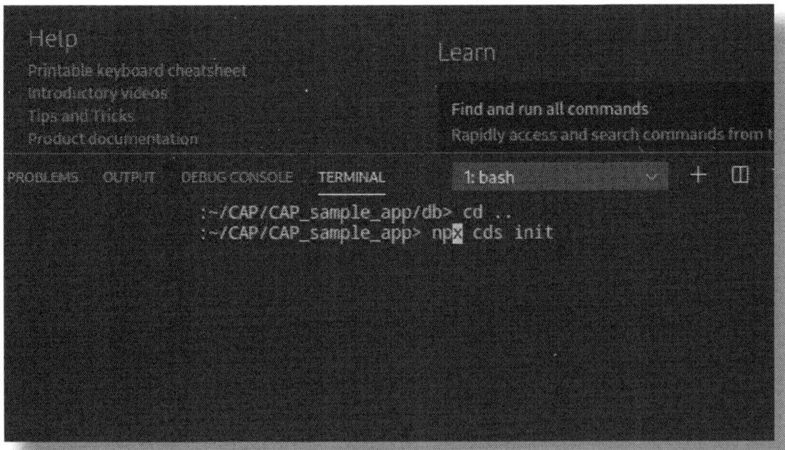

Abbildung 1.5: VS-Code – Kommandozeile

2 Core Data Services für CAP

Eine zentrale Komponente des SAP Cloud Application Programming Model sind Core Data Services (CAP CDS). Dabei handelt es sich, wie bei den ABAP CDS bzw. HANA CDS, um eine Datendefinitionssprache.

Mithilfe der CAP CDS (nicht mit den CDS für ABAP bzw. HANA zu verwechseln) definieren Sie das Datenmodell Ihrer Anwendung. Sie verwenden dazu die *Core Data Services Definition Language (CDL)* sowie die *Core Data Services Query Language (CQL)*. Die Präsentationslogik Ihrer Anwendung erstellen Sie mit Webtechnologien. In diesem Buch werden UI5 bzw. SAP Fiori und Vue.js angesprochen. Natürlich können Sie andere Technologien wie HTML5 und JavaScript oder wie Web-Components, React, Svelte usw. verwenden.

2.1 Core Data Services Definition Language

Die Core Data Services Definition Language (CDL) legt ihr Hauptaugenmerk darauf, Datenmodelle kurz und prägnant zu beschreiben, ohne dass dabei der Fokus auf die Problemdomäne in technischen Details verloren geht. Dazu wurde eine SQL-ähnliche Syntax entwickelt. Kernelement ist wie bei ABAP CDS und dem SAP Gateway die Entität (im folgenden CDL-Entität genannt). Eine Entität repräsentiert einen Eintrag in einer Datenbanktabelle bzw. Einträge in mehreren zusammenhängenden Datenbanktabellen und besteht aus mehreren Feldern, die einen elementaren oder zusammengesetzten Datentyp besitzen. SAP CAP veröffentlicht Entitäten mittels OData-Services.

2.1.1 Datentypen

CDL-Entitäten setzen sich aus elementaren Datentypen (CDL-Datentypen) zusammen. Tabelle 2.1 zeigt alle elementaren CDL-Datentypen.

Dazu ist der jeweilige SQL-Datentyp, der bei Generierung des Datenbankschemas Anwendung findet, mit angegeben.

CDL-Datentyp	Beschreibung	SQL-Datentyp
UUID	Eindeutige ID (36 Zeichen lang)	NVARCHAR(36)
Boolean	Wahrheitswert	BOOLEAN
Integer	Natürliche Zahl	INTEGER
Integer64	Natürliche Zahl mit erweiterter Länge	BIGINT
Decimal	Dezimalzahl[1]	DECIMAL
Date	Datum	DATE
Time	Uhrzeit	TIME
DateTime	Datum und Uhrzeit[2]	TIMESTAMP
Timestamp	Zeitstempel[3]	TIMESTAMP
String	Zeichenkette	NVARCHAR
Binary	Binärdaten	VARBINARY
LargeString	Zeichenkette mit unbegrenzter Länge	NCLOB
LargeBinary	Binärdaten mit unbegrenzter Länge	BLOB

[1] Länge und Dezimalstellen sind eine optionale Angabe. Ohne diese Angabe wird der Datentyp »DECFLOAT« verwendet.

[2] Genauigkeit von einer Sekunde.

[3] Genauigkeit von 0,1 µs.

Tabelle 2.1: CDL-Datentypen

☛ CDL-Datentypen sind Case-sensitive

Anders als bei ABAP und SQL muss bei Angabe der CDL-Datentypen auf Groß- und Kleinschreibung geachtet werden.

Aus den elementaren Datentypen können Sie wie in Listing 2.1 strukturierte Datentypen erstellen. Mit dem Zusatz `many` lassen sich auch Array-Typen konstruieren.

```
type EmailAddress {
 address: String;
 active: Boolean;
}

entity User : managed {
 key ID : UUID;
 emails: many EmailAddress;
 name: String;
}
```

Listing 2.1: Array-Typen

Der Nutzerentität aus Listing 2.1 können Sie wegen des Array-Typs mehrere E-Mail-Adressen zuordnen. Die Datenbank legt für Array-Typen ein Feld vom Typ NCLOB an und speichert die Array-Typen als JSON-Arrays.

Mit dem Zusatz `type of` (siehe Listing 2.2) können Sie auf andere Typen referenzieren (vergleichbar mit der LIKE-Anweisung in ABAP).

```
type EmailAddress {
 address: String;
 active: Boolean;
}

entity User : managed {
 key ID : UUID;
 emails: many EmailAddress;
 surName: String(50);
 givenName: type of surName;
}
```

Listing 2.2: Typ-Referenzen

2.1.2 Virtuelle Elemente

Der Zusatz `virtual` kennzeichnet virtuelle Elemente. Diese sind kein Bestandteil der Datenbank, werden aber zur Laufzeit berechnet und den OData-Services zur Verfügung gestellt (siehe Listing 2.3).

```
type EmailAddress {
 address: String;
 active: Boolean;
}

entity User : managed {
 key ID : UUID;
 emails: many EmailAddress;
 surName: String;
 givenName: String;
 virtual completeName: String;
}
```

Listing 2.3: Virtuelle Felder

2.1.3 Enums

Enumerationen (Enums) verwenden Sie für Variablen, die nur Werte aus einer vordefinierten endlichen Wertemenge, annehmen können, die Sie bei der Entwicklung festlegen. Beispielsweise können Sie Variablen, die den Kalendermonat oder einen akademischen Titel enthalten, mit Enums darstellen. Listing 2.4 enthält eine Enumeration mit dem akademischen Titel.

```
type EmailAddress {
 address: String;
 active: Boolean;
}

entity User : managed {
 key ID : UUID;
```

```
  emails: many EmailAddress;
  surName: String;
  givenName: String;
  virtual completeName: String;
  title: String enum { dr; prof; drProf; };
}
```

Listing 2.4: Enumerationen

Enums haben im Prinzip dieselbe Funktion wie Domänenfestwerte des ABAP Dictionary.

2.1.4 Einschränkungen

Mit den Zusätzen `null` bzw. `not null` definieren Sie Einschränkungen (siehe Listing 2.5).

```
type EmailAddress {
  address: String;
  active: Boolean;
}

entity User : managed {
  key ID : UUID;
  emails: many EmailAddress;
  surName: String not null;
  givenName: String not null;
  virtual completeName: String;
  gender: String enum { male; female; } null;
}
```

Listing 2.5: Einschränkungen

Die Eingabe `null` meint in diesem Zusammenhang den SQL-NULL-Wert, d. h., das entsprechende Feld ist undefiniert.

2.1.5 Entitäten

Entitäten leiten Sie mit dem Schlüsselwort `entity` bzw. define `entity` ein. Entitäten werden in der Datenbank gesichert und als OData-Service zur Verfügung gestellt. Sie können mithilfe der OData-Services Entitäten erstellen, lesen, ändern und löschen (CRUD-Operationen: CREATE, READ, UPDATE, DELETE).

Mit den folgenden *Aspektschlüsselwörtern* können Sie Entitäten um häufig benötigte Felder erweitern, ohne die Felder einzeln anzugeben:

- `managed` – fügt der Entität die Felder `createdAt` (Label ANGELEGT AM), `createdBy` (Label ANGELEGT VON), `modifiedAt` (Label GEÄNDERT AM) und `modifiedBy` (Label GEÄNDERT VON) hinzu (siehe Abbildung 2.1). In Listing 2.6 verwendet die `User`-Entität das Aspektschlüsselwort `managed` und enthält damit die gleichen Felder wie die `User1`-Entität, der die Felder `createdAt`, `createdBy`, `modifiedAt` und `modifiedBy` manuell hinzugefügt wurden;
- `cuid` – ergänzt ein eindeutiges Primärschlüsselfeld (siehe Listing 2.7);
- `temporal` (siehe Listing 2.8) – fügt eine zeitliche Gültigkeit hinzu (Felder VALIDFROM, VALIDTO in Abbildung 2.2).

```
using { managed, sap } from '@sap/cds/common';

entity User : managed {
 key ID : UUID;
 emails: many EmailAddress;
 surName: String;
 givenName: String;
 virtual completeName: String;
}

entity User1 {
 key ID : UUID;
 createdAt: DateTime;
 createdBy: User;
```

```
  modifiedAt: DateTime;
  modifiedBy: User;
  emails: many EmailAddress;
  surName: String;
  givenName: String;
  virtual completeName: String;
}
```

Listing 2.6: Entitäten mit und ohne Aspektschlüsselwort »managed«

Abbildung 2.1 enthält die Ansichtseinstellungen aus der Testvorschau für die `User`-Entität (siehe Listing 2.6). In Abschnitt 3.1 ist beschrieben, wie Sie die Testvorschau erstellen.

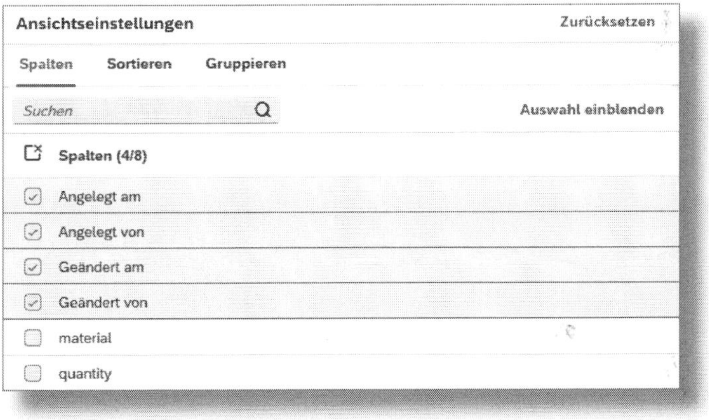

Abbildung 2.1: Aspektschlüsselwort »managed«

```
using { cuid, sap } from '@sap/cds/common';

entity User : cuid {
  emails: many EmailAddress;
  surName: String;
  givenName: String;
  virtual completeName: String;
}
```

Listing 2.7: Aspektschlüsselwort »cuid«

```
using { temporal, sap } from '@sap/cds/common';

entity User : cuid, temporal {
 emails: many EmailAddress;
 surName: String;
 givenName: String;
 virtual completeName: String;
}
```

Listing 2.8: Aspektschlüsselwort »temporal«

Abbildung 2.2 enthält die Ansichtseinstellungen aus der Testvorschau für die `User`-Entität (siehe Listing 2.8).

Abbildung 2.2: Aspektschlüsselwort »temporal«

2.1.6 Assoziationen und Kompositionen

Mit den Schlüsselwörtern `Association` bzw. `Composition` (siehe Listing 2.9) bestimmen Sie Zusammenhänge zwischen Entitäten (sogenannte *Managed Associations* bzw. *Managed Compositions*). Assoziationen definieren die Beziehung zwischen Positions- und Kopfdaten und Kompositionen die Beziehung zwischen Kopf- und Positionsdaten.

SAP CAP nutzt Assoziationen und Kompositionen, um Navigationseigenschaften (OData-Services) zu generieren. Mit der Assoziation bzw. der Komposition in Listing 2.9 können Sie Aktien- und Firmenobjekte in einem Aufruf lesen oder verändern.

```
entity Company {
 key id : String(3);
 name : String;
 ceo : String;
 shares : Composition of many Share on shares.company = $self;
 volume: Integer;
}

entity Share : cuid {
 timestamp : Timestamp;
 company : Association to Company;
 stockPrice : Decimal(10, 2);
}
```

Listing 2.9: Managed Association

2.2 Core Data Services Query Language

Core Data Services Query Language (CQL) ist eine Erweiterung der Data Manipulation Language (DML) in SQL. Die DML umfasst SELECT-, INSERT- und UPDATE-Statements. In CQL wurden die folgenden Funktionen hinzugefügt:

- Selektionsliste
- Intelligenter Stern-Selektor
- Pfadausdrücke

Selektionsliste

Die Selektionsliste lässt sich in geschweiften Klammern nach der `FROM`-Klausel angeben *(Postfix Projection)*. Beide `SELECT`-Statements in Listing 2.10 liefern Ihnen das gleiche Resultat.

```
SELECT surName, givenName FROM User;

SELECT FROM User {surName, givenName}
```

Listing 2.10: Postfix Projection

Intelligenter Stern-Selektor

In der Selektionsliste können Sie den Stern-Selektor zusammen mit einzelnen Elementen nutzen. Doppelt vorkommende Elemente werden automatisch eliminiert, sodass jedes Element nur noch einmal existiert (siehe Listing 2.11).

```
namespace sap.capire.shares;

entity Company {
 key id : String(3);
 name : String;
 ceo : String;
 shares : Composition of many Share on shares.company = $self;
 volume: Integer;
}

entity Share : cuid {
 timestamp : Timestamp;
 company : Association to Company;
 stockPrice : Decimal(10, 2);
}

SELECT from Share {*, company.id as company}
```

Listing 2.11: Intelligenter Stern-Selektor

Das `SELECT`-Statement aus Listing 2.11 übergibt das `Company`-Feld nur einmal anstatt zweimal, wie ein reines SQL-SELECT-Statement es tun würde.

Pfadausdrücke

Pfadausdrücke verwenden Sie für den Zugriff auf Komponenten strukturierter Datentypen. Pfadausdrücke stehen entweder nach der Datenquelle, in der Selektionsliste oder in der `where`-Klausel (siehe Listing 2.12).

```
SELECT from Company[shares.stockPrice > 100]

SELECT from Share {*, company.name, company.ceo}

SELECT from Share where company.id = 'ABC'
```

Listing 2.12: Pfadausdrücke

2.3 Projektionen und Views

Sie erstellen in SAP CAP Projektionen oder Views, die auf die Entitäten verweisen. SAP CAP erzeugt aus den Projektionen oder Views OData-Services. Die Projektionen bzw. Views legen Sie im Ordner SRV an (siehe Abbildung 1.1). Projektionen (siehe Listing 2.13) ermöglichen CRUD-Operationen, während Sie in Views CQL nutzen, um die eigene Abfragelogik zu definieren.

Die View aus Listing 2.14 erlaubt nur Leseoperationen, wohingegen mit den Projektionen aus Listing 2.13 alle CRUD-Operationen möglich sind.

```
using { sap.capire.shares as my } from '../db/schema';

service ShareService @(path: '/shares') {
 entity Company as projection on my.Company;
 entity Share as projection on my.Share;
}
```

Listing 2.13: Projektionen

Listing 2.14 zeigt eine View mit eigener Abfragelogik zur Ermittlung der Marktkapitalisierung. Komponenten, die Sie mit arithmetischen Berechnungen, Aggregats- oder Zeichenkettenfunktionen innerhalb der View definieren, benötigen einen Namen und eine explizite Typangabe. Die Marktkapitalisierung erhält hier den Namen `capitalization` und den Typ »Dezimalfeld« mit 10 Stellen und 0 Nachkommastellen (`as capitalization: Decimal(10, 0)`).

```
using { sap.capire.shares as my } from '../db/schema';

service ShareService1 @(path: '/shares1') {
  entity MarketCapitalization as select from my.Share {

    company.id,
    timestamp,
    company.volume * stockPrice as capitalization:
      Decimal(10, 0)

  };
}
```

Listing 2.14: Viewdefinition »Marktkapitalisierung«

Bei Assoziationen, die nicht durch das Schlüsselwort `Association` in der Schemadefinition definiert sind (siehe Listing 2.15) – sogenannten *Unmanaged Associations* – verwenden Sie einen `join` in der Viewdefinition (siehe Listing 2.16).

```
namespace sap.capire.shares;

entity Company {
 key id : String(3);
 name : String;
 ceo : String;
 volume: Integer;
}

entity Share : cuid {
 timestamp : Timestamp;
```

```
  companyId : String(3);
  stockPrice : Decimal(10, 2);
}
```

Listing 2.15: Schemadefinition mit impliziten Assoziationen

```
using { sap.capire.shares as my } from '../db/schema';

service ShareService1 @(path: '/shares1') {
  entity MarketCapitalization as select from my.Share as s
  inner join my.Company as c on c.id =
  s.companyId {

  c.id,
  s.timestamp,
  c.volume * s.stockPrice as capitalization:
  Decimal(10, 0)

  };
}
```

Listing 2.16: Viewdefinition mit »join«

Sobald Sie Assoziationen mit dem Schlüsselwort `Association` in der Schemadefinition definieren, wird die `join`-Angabe in der View obsolet. Das CDS-SDK wirft Ihnen einen Fehler, wenn der `join` auf eine Managed Association referenziert.

Es ist nicht empfehlenswert, im selben Service eine Entität als View **und** als Projektion zu verwenden. Views und Projektionen sollten Sie in separate Services aufteilen.

2.4 Aktionen und Funktionen

Neben Projektionen oder Views enthalten die Servicedefinitionen Aktionen und Funktionen. Aktionen sind für Modifikationen gedacht und Funktionen für Algorithmen, die keine Daten modifizieren, sondern nur Daten lesen.

Aktionen und Funktionen können an eine Entität gebunden oder ungebunden implementiert sein.

2.4.1 Ungebundene Aktionen und Funktionen

Listing 2.17 zeigt die ungebundene Aktion `addStockPrice` und die ungebundene Funktion `getMarketCapitalization`.

```
using { sap.capire.shares as my } from '../db/schema';

service ShareService1 @(path: '/shares2') {
 entity Company as projection on my.Company;
 entity Share as projection on my.Share;

 function getMarketCapitalization(shareId: UUID)
 returns Decimal(10, 2);
 action addStockPrice(company_id: String(3),
 stockPrice: Decimal(10, 2)) returns {};
}
```

Listing 2.17: Servicedefinition in Datei »share-service1.cds«

Die Aktion bzw. die Funktion implementieren Sie mittels JavaScript in der Datei »share-service1.js«. Listing 2.18 enthält die klassenbasierte Implementierung.

```
const cds = require('@sap/cds');

class NotFoundError extends Error {
 constructor(message) {
   super(message);
 }
}

class ShareService1 extends cds.ApplicationService {
 init(){
   const {Company, Share} =
   this.entities('sap.capire.shares');
```

```
    this.on('getMarketCapitalization', async req => {
      try {
        console.log('Request parameters');
        console.log(req.data);
        const share = await SELECT.from(Share,
          {ID: req.data.shareId});
        console.log('Share');
        console.log(share);
        if (!share)
          throw new NotFoundError('Share not found');

        const company = await SELECT.from(Company,
          {id: share.company_id});
        console.log('Company');
        console.log(company);
        return req.reply(share.stockPrice * company.volume);
      } catch(error) {
        console.error(error);
        return req.reject(
          error instanceof NotFoundError ? 404 : 500,
          error.message);
      }
    });

    this.on('addStockPrice', async req => {
      await INSERT.into(Share, {
        timestamp: new Date(),
        company_id: req.data.company_id,
        stockPrice: req.data.stockPrice
      });
      return {};
    });

    return super.init();
  }
}

module.exports = {ShareService1};
```

Listing 2.18: Klassenbasierte Serviceimplementierung in Datei »share-service1.js«

Die `init`-Methode enthält die Aktions- bzw. Funktionsimplementierung. Das Statement `this.on('getMarketCapitalization', async req => { ... })` registriert eine JavaScript-Callback-Funktion für die OData-Funktion `getMarketCapitalization`. `Async` deklariert eine asynchrone Funktion. Callback- und asynchrone Funktionen sind in Abschnitt 2.7.4 genauer beschrieben. Das `req`-Objekt der Callback-Funktionen enthält in der `data`-Komponente die Parameter, die der Aktion bzw. Funktion übergeben wurden. Die Selektion der Aktie erfolgt mit dem Statement `SELECT.from(Share, {ID: req.data.shareId})`. Dieses Statement liefert ein Promise zurück, auf das mit `await` gewartet wird.

Mit `console.log(share)` sehen Sie in der Konsole das Aktienobjekt, das SAP CAP selektiert hat. Listing 2.19 zeigt ein beispielhaftes Aktienobjekt.

```
{
  ID: '24f224f5-bf0d-474c-871c-732556046525',
  timestamp: '2023-01-14T09:00:00.000Z',
  company_id: 'SAP',
  stockPrice: 140
}
```

Listing 2.19: Aktienobjekt

Wie Sie erkennen können, wurde nur die Firmen-ID selektiert, nicht die Firmenentität aus Listing 2.11. Letztere selektieren Sie daher nochmals separat mit dem Statement `SELECT.from(Company, {id: share.company_id})`. Mittels der `req.reply`-Methode übergeben Sie im letzten Schritt das Ergebnis.

Diese ganze Logik ist mit einem `try`- and `catch`-Block umschlossen. Ohne diesen wird Anwendern bei Angabe einer ungültigen Aktien-ID immer den Fehlercode 500 »Internal Server Error« angezeigt. Durch Abfangen des Fehlers im `catch`-Block, können Sie passende Fehlercodes zurückgeben. In Listing 2.18 wird 404 »Not found« gemeldet, wenn die Aktie nicht gefunden wurde, sonst 500 »Internal Server Error«.

Die Aktionsimplementierung gestaltet sich ähnlich. Anstatt SELECT-Statements verwenden Sie dabei INSERT-, UPDATE- oder DELETE-Statements, um Daten zu modifizieren.

Bei den Dateinamen aus Listing 2.17 und Listing 2.18 ist auf Namensgleichheit zu achten. Der Servicedefinition und die Serviceimplementierung müssen bis auf die Endung den gleichen Dateinamen besitzen. Sonst kann SAP CAP die Serviceimplementierung nicht der Servicedefinition zuordnen. Das Gleiche gilt für den Servicenamen. Der Servicename in Listing 2.17 (`ShareService1`) ist identisch mit dem Klassennamen in Listing 2.18. Sind diese Voraussetzungen nicht gegeben, erhalten Sie beim Aufruf der Funktion bzw. Aktion den Fehler »Service \"ShareService1\" has no handler for \"...\"«.

Ebendieser Fehler wird Ihnen angezeigt, wenn Sie die Klasse nicht mit `module.exports = {ShareService1}` exportieren.

Listing 2.20 enthält eine funktionale Implementierung der Aktion `addStockPrice` und der Funktion `getMarketCapitalization`.

```
async function serve(srv) {
 const {Company, Share} = srv.entities;

 srv.on(['getMarketCapitalization'], async req => {
   try {
     console.log('Request parameters');
     console.log(req.data);
     const share = await SELECT.from(Share,
       {ID: req.data.shareId});
     console.log('Share');
     console.log(share);
     if (!share)
       throw new NotFoundError('Share not found');

     const company = await SELECT.from(Company,
       {id: share.company_id});
     console.log('Company');
     console.log(company);
     return req.reply(share.stockPrice * company.volume);
   } catch(error) {
     console.error(error);
     return req.reject(error instanceof NotFoundError ?
       404 : 500, error.message);
   }
```

```
  });

  srv.on(['addStockPrice'], async req => {
    await INSERT.into(Share, {
      timestamp: new Date(),
      company_id: req.data.company_id,
      stockPrice: req.data.stockPrice
    });
    return {};
  });
}

module.exports = serve;
```

Listing 2.20: Funktionale Serviceimplementierung

Mit dem Statement `srv.on(['getMarketCapitalization'], async req => { ... })` registrieren Sie eine Callback-Funktion für den Aufruf der OData-Funktion `getMarketCapitalization`.

Die Logik innerhalb der Callback-Funktionen ist bei klassenbasierten und bei funktionalen Serviceimplementierungen identisch. Die JavaScript-Funktion `serve` exportieren Sie zum Schluss mit `module.exports = serve`.

SQL-Statements

Listing 2.21 zeigt verschiedene Methoden im TypeScript-Stil, mit denen Sie SQL-Statements in Aktionen oder Funktionen implementieren.

```
SELECT.from(Entity, where: Object): Promise<Object>;
INSERT.into(Entity, values: Object): Promise<InsertResult>;
UPDATE(Entity, where: Object): Promise<number>;
DELETE(Entity, where: Object): Promise<number>;
```

Listing 2.21: Methoden für SQL-Statements

Die UPDATE- und DELETE-Methode geben die Anzahl geänderter Entitäten zurück, während die `INSERT.into`-Methode eine Instanz vom Typ `InsertResult` zurückgibt (siehe Listing 2.22).

```
InsertResult {
  req: Request {
  query: { INSERT: {
    into: {
      ref:[ 'sap.capire.shares.Share' ],
      as: undefined
    },
    entries: [
      {
        timestamp: '2023-01-20T14:49:56.321Z',
        company_id: 'SAP',
        stockPrice: '141.1',
        ID: '3dfcf2f6-ce1b-44d9-9ba1-2202d22ba71e'
      }
    ]
   }},
   target: entity {
     kind: 'entity',
     includes: [ 'cuid' ],
     elements: {
       ID: string { key: true, type: 'cds.UUID' },
       timestamp: date { type: 'cds.Timestamp' },
       company: Association {
         type: 'cds.Association',
         target: 'sap.capire.shares.Company',
         keys: [ {
           ref: [ 'id' ],
           '$generatedFieldName': 'company_id'
         } ]
       },
       company_id: string {
         type: 'cds.String',
         length: 3,
         '@odata.foreignKey4': 'company'
       },
```

```
        stockPrice: number {
          type: 'cds.Decimal',
          precision: 10, scale: 2
        }
      }
    },
    user: Anonymous {},
    locale: 'en',
    timestamp: 2023-01-21T14:49:56.443Z,
    results: [Circular]
  },
  results: [
    {
      lastID: 5,
      affectedRows: 1,
      values: [
        '2023-01-20T14:49:56.321Z',
        'SAP',
        '141.1',
        '3dfcf2f6-ce1b-44d9-9ba1-2202d22ba71e'
        ]
      }
    ],
  }
```

Listing 2.22: InsertResult-Objekt

Test

Sie können Aktionen oder Funktionen mit Tools wie Curl (*https://curl.se*) oder Postman (*https://www.postman.com/*) testen. Listing 2.23 zeigt den HTTP-GET-Request und die Antwort für die Funktion `getMarketCapitalization` aus Listing 2.17.

```
# Anfrage
GET /shares2/getMarketCapitalization(shareId=24f224f5-bf0d-
474c-871c-732556046524) HTTP/1.1

# Antwort
```

```
HTTP/1.1 200 OK
X-Powered-By: Express
OData-Version: 4.0
content-type: application/json;odata.metadata=minimal

{"@odata.context":"$metadata#Edm.Decimal","value":20000}
```

Listing 2.23: Test Funktion »getMarketCapitalization«

Listing 2.24 zeigt den HTTP-POST-Request und die Antwort für die Aktion `addStockPrice` aus Listing 2.17.

```
# Anfrage
POST /shares2/addStockPrice HTTP/1.1
content-type: application/json

{"company_id":"SAP","stockPrice":100.10}

# Antwort
HTTP/1.1 200 OK
X-Powered-By: Express
OData-Version: 4.0
content-type: application/json;odata.metadata=minimal

{"@odata.context":"$metadata#ShareService1.return_
ShareService1_addStockPrice"}
```

Listing 2.24: Test Aktion »addStockPrice«

2.4.2 Gebundene Aktionen und Funktionen

Aktionen bzw. Funktionen können Sie, wie in Listing 2.25 zu sehen ist, an CDL-Entitäten binden.

```
using { sap.capire.shares as my } from '../db/schema';

service ShareService2 @(path: '/shares3') {
 entity Company as projection on my.Company actions {
```

```
    action addStockPrice(stockPrice: Decimal(10, 2))
    returns {};
  };
  entity Share as projection on my.Share actions {
    function getMarketCapitalization()
    returns Decimal(10, 2);
  };
}
```

Listing 2.25: Servicedefinition in Datei »share-service2.cds«

Die Serviceimplementierung (siehe Listing 2.26) unterscheidet sich in zwei Details bei ungebundenen und gebundenen Aktionen bzw. Funktionen:

- Der `on`-Handler erhält als ersten Parameter den Aktions- bzw. Funktionsnamen, als zweiten Parameter den Entitätsnamen und im dritten Parameter die Callback-Funktion (`this.on('getMarketCapitalization', 'Share', async req => { ... })`).
- `req.params[0]` enthält die Entitäts-ID. Die Entitäts-ID muss nicht zusätzlich wie bei ungebundenen Aktionen bzw. Funktionen als Aktions- bzw. als Funktionsparameter angegeben werden.

```
const cds = require('@sap/cds');

class NotFoundError extends Error {
  constructor(message) {
    super(message);
  }
}

class ShareService2 extends cds.ApplicationService {
  init(){
    const {Company, Share} =
    this.entities('sap.capire.shares');
    this.on('getMarketCapitalization', 'Share',
      async req => {
      try {
```

```
        console.log('Request parameters');
        console.log(req.params[0]);
        const shareId = req.params[0];
        const share = await SELECT.from(Share,
          {ID: shareId});
        console.log('Share');
        console.log(share);
        if (!share)
          throw new NotFoundError('Share not found');

        const company = await SELECT.from(Company,
          {id: share.company_id});
        console.log('Company');
        console.log(company);
         return req.reply(share.stockPrice * company.volume);
      } catch(error) {
        console.error(error);
        return req.reject(error instanceof NotFoundError ?
          404 : 500, error.message);
      }
    });

    this.on('addStockPrice', async req => {
      console.log('Request parameters');
      console.log(req.params[0]);
      await INSERT.into(Share, {
        timestamp: new Date(),
        company_id: req.params[0].id,
        stockPrice: req.data.stockPrice
      });
      return {};
    });

    return super.init();
  }
}

module.exports = {ShareService2};
```

Listing 2.26: Serviceimplementierung in Datei »share-service2.js«

Test

Um gebundene Aktionen bzw. Funktionen aufzurufen, geben Sie in der URL den Entitätsnamen sowie die Entitäts-ID an. Innerhalb der runden Klammern platzieren Sie die Funktionsparameter. Ist die Funktion parameterlos, geben Sie trotzdem wie in Listing 2.27 nach dem Funktionsnamen runde Klammern an.

Listing 2.27 zeigt den HTTP-GET-Request und die Antwort für die Funktion `getMarketCapitalization` aus Listing 2.25.

```
# Anfrage
GET /shares3/Share(24f224f5-bf0d-474c-871c-732556046524)/
getMarketCapitalization() HTTP/1.1

# Antwort
HTTP/1.1 200 OK
X-Powered-By: Express
OData-Version: 4.0
content-type: application/json;odata.metadata=minimal

{"@odata.context":"$metadata#Edm.Decimal","value":20000}
```

Listing 2.27: Test Funktion »getMarketCapitalization«

Listing 2.28 zeigt den HTTP-POST-Request und die Antwort für die Aktion `addStockPrice` aus Listing 2.25.

```
# Anfrage
POST /shares2/Company('SAP')/addStockPrice HTTP/1.1
content-type: application/json

{"stockPrice":100.10}

# Antwort
HTTP/1.1 200 OK
X-Powered-By: Express
OData-Version: 4.0
content-type: application/json;odata.metadata=minimal
```

```
{"@odata.context":"$metadata#ShareService1.return_
ShareService1_addStockPrice"}
```

Listing 2.28: Test Aktion »addStockPrice«

2.5 Berechtigungen

Berechtigungen definieren Sie direkt in der Schema- bzw. Servicedefinition. Beim klassischen Berechtigungskonzept im AS ABAP erteilen Sie mittels Berechtigungsprofilen und -rollen die Freigabe für bestimmte Aktionen. Wenn Sie im AS ABAP einem Benutzer keinerlei Berechtigungen geben, kann dieser auch keine Transaktion aufrufen. In SAP CAP definieren Sie im Gegensatz dazu Restriktionen. Das heißt, Sie verbieten Benutzern bestimmte Aktionen. Wenn Sie in SAP CAP einem Benutzer keine Berechtigungsrolle zuweisen, kann dieser Benutzer immer noch alle Aktionen ausführen, die Sie ihm nicht verboten haben. Wenn Sie in SAP CAP keinerlei Berechtigungsprüfung implementieren, gestatten Sie jedem Nutzer Komplettzugriff.

Die erste Berechtigungsstufe besteht daher darin, den Zugriff auf angemeldete Benutzer zu beschränken. Dazu fügen Sie der Servicedefinition die Annotation `@(requires:'authenticated-user')` hinzu (siehe Listing 2.29).

```
using { sap.capire.shares as my } from '../db/schema';

service ShareService @(path: '/shares4')
  @(requires:'authenticated-user') {

  entity Company as projection on my.Company;
  entity Share as projection on my.Share;
}
```

Listing 2.29: Beschränkung auf angemeldete Benutzer

In der zweiten Berechtigungsstufe schränken Sie den Zugriff auf einzelne Entitäten, Funktionen oder Aktionen ein. Sie verwenden hierfür die `restrict`-Annotation. Listing 2.30 zeigt deren Syntax.

```
@(restrict: [
  { grant: 'READ', to: 'user-role',
    where: 'CreatedBy = $user' },
  { grant: 'WRITE', to: 'user-role' },
  { grant: 'CREATE', to: 'user-role' },
  { grant: 'UPDATE', to: 'user-role',
    where: 'CreatedBy = $user' },
  { grant: 'DELETE', to: 'user-role',
    where: 'CreatedBy = $user' }
])
```

Listing 2.30: Restrict-Annotation

Der `grant`-Parameter beschreibt eine der CRUD-Operationen, wobei `WRITE` ein Pseudonym für `CREATE`, `UPDATE`, `INSERT` und `DELETE` ist. Der `To`-Parameter enthält eine Benutzer- bzw eine *Pseudorolle*. Pseudorollen sind keine applikationsspezifischen Berechtigungsrollen, die die Autorisierung für eine Tätigkeit bzw. einen Arbeitsplatz wie Vertriebsmitarbeiter oder Controller definieren, sondern sie beschreiben den Authentifizierungslevel:

- Der `authenticated-user` steht für angemeldete Benutzer, die über gültige Zugangsdaten verfügen,
- `system-user` für technische Benutzer, und
- `any` steht sowohl für alle Benutzer als auch für anonyme Benutzer ohne Zugangsdaten.

Technische Nutzer sind für automatisierte Zugriffe zur Datenreplikation, zur Datenanalyse mit externen BI-Systemen usw. gedacht.

In der optionalen `where`-Bedingung definieren Sie mit CQL Zusatzrestriktionen. Sie können dabei

- Bedingungen mit AND oder OR verknüpfen,

- Konstanten und Benutzerattribute oder
- Subselects mit dem EXISTS-Prädikat angeben.

Bei Aktionen und Funktionen entfallen der `grant`-Parameter und die `where`-Bedingung. Bei Entitäten ist die Angabe aller drei Parameter möglich. Listing 2.31 enthält die `Share`-Entität mit einer `restrict`-Annotation, die das Lesen für alle Nutzer gestattet und das Schreiben nur Nutzern mit der `ShareAdmin`-Rolle gestattet.

```
entity Share @(restrict: [
 { grant: 'READ' },
 { grant: 'WRITE', to: 'ShareAdmin' }
]) : cuid {
  timestamp : Timestamp;
  company : Association to Company;
  stockPrice : Decimal(10, 2);
}
```

Listing 2.31: Entität mit Restrict-Annotation

Die `requires`-Annotation ist eine Abkürzung der `restrict`-Annotation (siehe Listing 2.32), bei der Sie nur Berechtigungs- oder Pseudorollen als Parameter angeben können.

```
@(restrict: [{ to: 'user-role'}])
@(requires: ['user-role'])
```

Listing 2.32: Restrict- und Requires-Annotation

Die einzelnen Bedingungen der `restrict`-Annotation sind mit einem logischen ODER verknüpft. Das heißt, sobald eine oder mehrere Bedingungen erfüllt sind, erhält der Nutzer die Autorisierung. Listing 2.33 gestattet Nutzern, die die `Accountant`- oder die `ShareAdmin`-Rolle besitzen, Schreibzugriff.

```
entity Share @(restrict: [
 { grant: 'READ' },
 { grant: 'WRITE', to: 'Accountant' },
```

```
  { grant: 'WRITE', to: 'ShareAdmin' }
]) : cuid {
  timestamp : Timestamp;
  company : Association to Company;
  stockPrice : Decimal(10, 2);
}
```

Listing 2.33: Logische ODER-Verknüpfung – Bedingungen

2.5.1 Authentifizierung und Berechtigungsrollen

Testmodus

Im Testmodus definieren Sie die Authentifizierung und die Rollenzuordnung in der Paketkonfiguration (Datei »package.json«, siehe Listing 2.34).

```
{
  "cds": {
    "requires": {
      "auth": {
        "kind": "mocked",
        "users": {
          "admin": {
            "password": "",
            "roles": [
              "ShareAdmin"
            ]
          },
          "accountant": {
            "password": "",
            "roles": [
              "Accountant"
            ]
          },
          "consumer": {
            "password": "",
            "roles": [
```

```
                "Consumer"
              ]
            }
          }
        },
        "db": {
          "kind": "sqlite"
        }
      }
    }
}
```

Listing 2.34: Rollenzuordnung – Auszug aus der Paketkonfiguration

Die `auth`-Sektion enthält die Authentifizierungsdetails. `"kind": "mocked"` bedeutet, dass es sich um einen Prototyp des Authentifizierungsalgorithmus handelt, bei dem Benutzer, Passwörter und Rollenzuordnung in der Paketkonfiguration stehen. Dies ist nicht für den produktiven Einsatz geeignet.

☛ Privates oder Inkognitofenster verwenden

Zum Testen verwenden Sie am einfachsten vor jeder neuen Anmeldung ein privates Browserfenster (Mozilla Firefox) bzw. den Inkognitomodus (Google Chrome, Microsoft Edge). Die Anmeldedaten merkt sich der Browser, bis Sie das Browserfenster schließen. Sobald Sie das private Fenster bzw. den Inkognitomodus schließen, verwirft der Browser die Anmeldedaten.

Produktivmodus

Im Produktiveinsatz werden zur Authentifizierung JSON-Web-Tokens verwendet. Es handelt sich dabei um Tokens, die alle Authentifizierungsinformationen wie Benutzername und zugeordnete Rollen enthalten (im JSON-Format) und beim Erstellen mit einem privaten kryptografischen Schlüssel verschlüsselt werden. Nur mit dem passenden privaten Schlüssel können die Tokens entschlüsselt werden. So stellen die Authentifizierungsprovider die Integrität des Tokens fest. JSON-Web-

Tokens geben Sie als Authorization-Header dem HTTP-Request mit. Im produktiven Einsatz von SAP-CAP-Anwendungen kommen XS User Authentication and Authorization Service (XSUAA) oder Identity Authentication Service (IAS) als Authentifizierungsprovider zum Einsatz.

- **XSUAA**

Für den Einsatz von XSUAA benötigen Sie einen Zugang zur *Business Technology Platform (BTP)*. Mit diesem Zugang können Sie die Authentifizierung mittels XSUAA lokal oder in der BTP implementieren. Die lokale Implementierung ist für Testzwecke und als Vorbereitung für das Applikationsdeployment in der BTP gedacht. Hierzu fügen Sie zuerst das Paket @sap/xssec mit Befehl `npm add @sap/xssec` hinzu. Als Zweites installieren Sie das Cloud-Foundry-Kommandozeilen-Werkzeug (Downloadlink und Installationsanweisung sind unter *https://docs.cloudfoundry.org/cf-cli/install-go-cli.html* zu finden).

Im nächsten Schritt melden Sie sich mit dem Cloud-Foundry-Kommandozeilen-Werkzeug an Ihrer Cloud-Foundry (Teil der BTP) an. Sie benötigen dazu den Cloud Foundry API Endpoint (siehe Abbildung 2.3), den Sie im SAP BTP Cockpit finden.

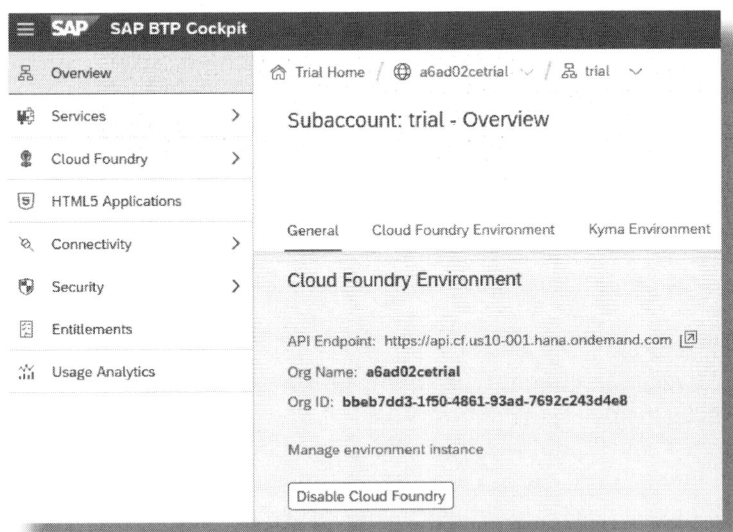

Abbildung 2.3: Cloud Foundry API Endpoint

Listing 2.35 zeigt das Anmeldekommando (`cf` ist dabei der Programmname für das Cloud-Foundry-Kommandozeilen-Werkzeug).

```
cf l -a https://api.cf.us10-001.hana.ondemand.com
```

Listing 2.35: Anmeldekommando

Fügen Sie im nächsten Schritt XSUAA Ihrem Projekt hinzu. Dazu wechseln Sie in das Projektverzeichnis und führen das Kommando aus Listing 2.36 aus.

```
npx cds add xsuaa --for hybrid
```

Listing 2.36: Kommando zum Hinzufügen von XSUAA

SAP CAP erzeugt die Datei »xs-security.json«. Diese editieren Sie und fügen den Applikationsnamen in der `xsappname`-Komponente sowie `tenant-mode` mit dem Wert `dedicated` hinzu. Außerdem ergänzen Sie die Sektion `oauth2-configuration` mit dem Redirect-URI `http://localhost:5000` (siehe Listing 2.37).

```
{
  "xsappname": "tour",
  "tenant-mode": "dedicated",
  "oauth2-configuration": {
    "redirect-uris": [
      "http://localhost:5000/"
    ]
  },
  "scopes": [
    {
      "name": "$XSAPPNAME.Dispatcher",
      "description": "Dispatcher"
    },
    {
      "name": "$XSAPPNAME.Driver",
      "description": "Driver"
    }
  ],
```

```
    "attributes": [],
    "role-templates": [
      {
        "name": "Dispatcher",
        "description": "generated",
        "scope-references": [
          "$XSAPPNAME.Dispatcher"
        ],
        "attribute-references": []
      },
      {
        "name": "Driver",
        "description": "generated",
        "scope-references": [
          "$XSAPPNAME.Driver"
        ],
        "attribute-references": []
      }
    ]
  }
```

Listing 2.37: XSUAA-Konfiguration in Datei »xs-security.json«

XSUAA verwendet eine leicht abgeänderte Variante des OAuth2-Protokolls zur Autorisierung. OAuth2 ist ein Single-Sign-on-Protokoll. Der prinzipielle Ablauf ist in Abbildung 2.4 dargestellt. Der Benutzer startet dabei die Autorisierung. Die Webseite leitet den Benutzer an den Anmeldedialog des Authentifizierungsproviders weiter.

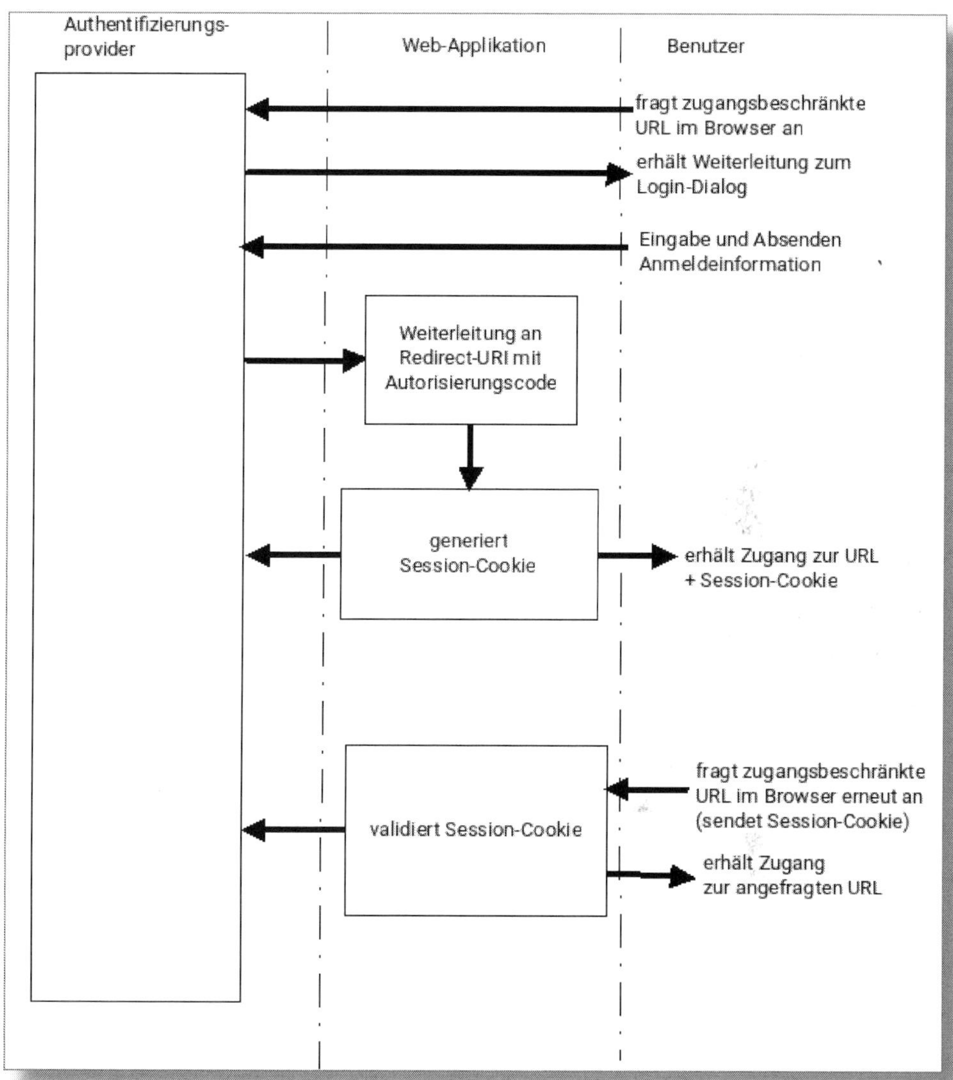

Abbildung 2.4: Ablauf XSUAA-Autorisierung

Außerhalb von SAP-Anwendungen haben Sie OAuth2 bestimmt schon einmal genutzt, wenn Sie sich mit Ihrem Google-Konto auf einer Webseite angemeldet haben. Die Webseite leitet Sie an den Google-Anmeldedialog weiter. Nachdem Sie Ihre Anmeldedaten eingegeben haben, gelangen Sie zum Redirect-URI.

Dem Authentifizierungsprovider müssen Sie beim Erstellen der Applikation alle erlaubten Redirect-URIs mitteilen. Nur an diese Redirect-URIs wird Sie der Authentifizierungsprovider weiterleiten. Zu diesem Zweck geben Sie in Listing 2.37 den Redirect-URI ein. Der Redirect-URI enthält nach erfolgreicher Anmeldung im Query-String einen einmal verwendbaren Autorisierungscode (Code-Parameter). Aus diesem Autorisierungscode kann der Authentifizierungsprovider ein Access-Token und ein Refresh-Token generieren. Das Access-Token ist ein zeitlich begrenztes JSON-Web-Token, das HTTP-Request im Authorization-Header mitgegeben wird. Das Refresh-Token dient dazu, Access-Tokens zu erneuern.

SAP CAP ändert das Protokoll ein wenig ab. Anstatt Access-Tokens und Refresh-Tokens speichert es nach erfolgreicher Anmeldung ein Session-Cookie in Ihrem Browser (siehe Abbildung 2.4).

Nach der XSUAA-Konfiguration erstellen Sie mit den Kommandos aus Listing 2.38 eine XSUAA-Serviceinstanz und einen Serviceschlüssel (`tour` ist dabei der frei wählbare Applikationsname). Beim Erstellen der XSUAA-Serviceinstanz lädt das Cloud-Foundry-Kommandozeilen-Werkzeug die Rollen in Ihren BTP-Subaccount hoch (siehe Abbildung 2.5).

```
cf create-service xsuaa application tour-uaa
  -c xs-security.json
cf create-service-key tour-uaa tour-uaa-key
```

Listing 2.38: Kommandos zum Erstellen einer XSUAA-Serviceinstanz und eines Serviceschlüssels

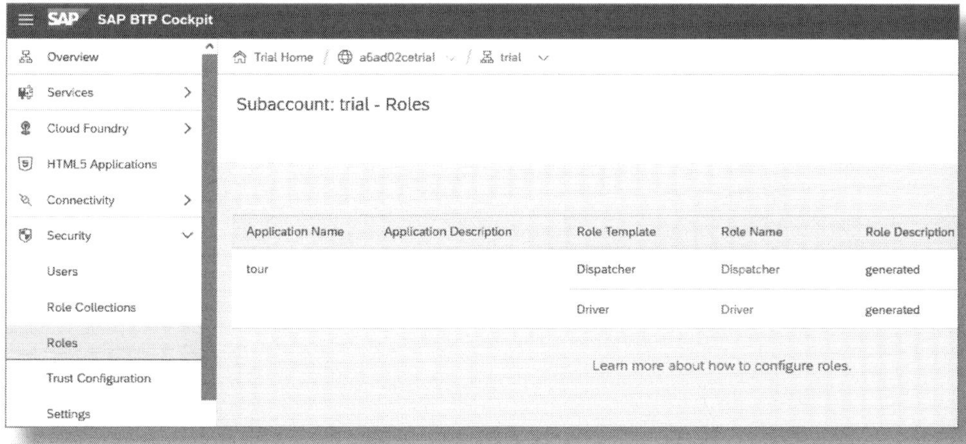

Abbildung 2.5: BTP Cockpit – Rollen

Die Einzelrollen stellen Sie zu einer Rollenkollektion zusammen (siehe Abbildung 2.6 und Abbildung 2.7). Den Benutzern weisen Sie diese Rollenkollektionen zu, damit sie die notwendigen Berechtigungen erhalten.

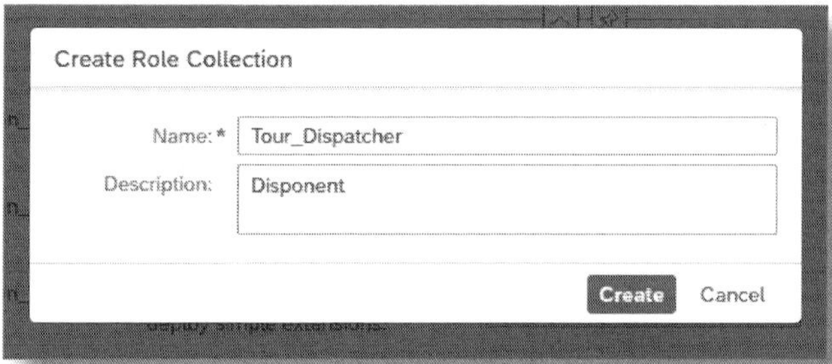

Abbildung 2.6: Anlage Rollenkollektion

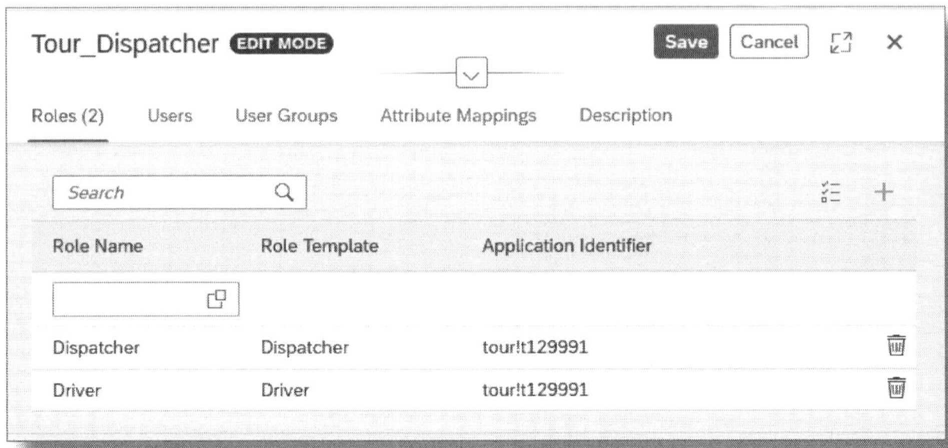

Abbildung 2.7: Rollenkollektion

Den Serviceschlüssel binden Sie anschließend an Ihr Projekt (siehe Listing 2.39).

```
npx cds bind -2 tour-uaa
```

Listing 2.39: Kommando zur Serviceschlüssel-Anbindung

Dann fügen Sie die `approuter`-Komponente zu Ihrem Projekt hinzu. Sie übernimmt die Autorisierung mit dem XSUAA-Algorithmus. Listing 2.40 enthält die hierfür notwendigen Kommandos.

```
npx cds add approuter
npm install --prefix app
npx cds bind --exec -- npm start --prefix app
```

Listing 2.40: Kommandos zum Hinzufügen der »approuter«-Komponente

☛ Paketkonfiguration

Der »app«-Ordner (siehe Abbildung 1.1) sollte vor Hinzufügen der `approuter`-Komponente keine Paketkonfiguration (Datei »package.json«) enthalten. Beim Hinzufügen der `approuter`-Komponente erstellt SAP CAP die Paketkonfiguration mit dem Startskript. Bei einer bestehenden Paketkonfiguration wird das Startskript nicht geändert, was zu einem Fehler beim Starten des Approuters führt.

☛ Direkter Aufruf SAP-CAP-Applikation

Ein direkter Aufruf der SAP-CAP-Applikation über die URL http://localhost:4004 führt zu 401-Unauthorized-Fehlern, wenn der Approuter läuft.

Die `approuter`-Komponente startet einen Webserver, der unter http://localhost:5000 zu erreichen ist. Er übernimmt die XSUAA-Autorisierung und leitet nach erfolgreicher Anmeldung die Anfragen an die SAP-CAP-Applikation weiter.

Die SAP-CAP-Applikation starten Sie in diesem Modus ausschließlich mit dem Kommando `npx cds watch --profile hybrid`.

2.6 Deployment in der BTP

Die BTP verwendet im Hintergrund SAP-HANA-Datenbankinstanzen. Dafür ist ein separates Deployment notwendig. Sie können die Applikationen nicht mehr wie in der Entwicklung mit den Kommandos `npx cds build` und `npx cds run` starten.

2.6.1 Voraussetzungen

Vor dem Deployment benötigen Sie

- einen Cloud-Foundry-Space,
- eine gestartete SAP-HANA-Cloud-Datenbankinstanz und
- die Berechtigung für den HDI-SHARED Service Plan (siehe Abbildung 2.8).

Subaccount: trial - Entitlements

SAP Business Application Studio	trial (Application) ⓘ	1 shared units ⓘ	1 shared units ⓘ
SAP Graph	api ⓘ	1 shared units ⓘ	1 shared units ⓘ
SAP HANA Cloud	hana-cloud-connection ⓘ	1 shared units ⓘ	1 shared units ⓘ
	hana ⓘ	1 shared units ⓘ	1 shared units ⓘ
	relational-data-lake ⓘ	1 shared units ⓘ	1 shared units ⓘ
SAP HANA Schemas & HDI Containers	hdi-shared ⓘ	10 shared units ⓘ	10 shared units ⓘ

Abbildung 2.8: Hdi-shared Service Plan

Zudem sollten Sie die neuesten Versionen der npm-Pakete »@sap/cds-dk und mbt« (Cloud MTA Build Tool) und, wie im vorherigen Abschnitt bereits bemerkt, das Cloud-Foundry-Kommandozeilenwerkzeug installieren.

2.6.2 Deployment-Kommandos

Listing 2.41 zeigt die notwendigen Kommandos. Diese können Sie direkt in ein Shell-Skript (macOS, Linux) bzw. ein Batch-Skript (Windows) packen und so das Deployment automatisieren.

```
npx cds add hana --for production
npx cds add xsuaa --for production
```

```
npx cds add approuter --for production
npx cds add mta
npm update --package-lock-only
npx cds build --production
npx mbt build -t gen --mtar mta.mtar
npx cds add cf-manifest
cf deploy gen/mta.mtar
```

Listing 2.41: Deployment-Kommandos

App-Verzeichnis

Mit Version 4.1.5 des CAP-SDK (Paket »@sap/cds«) ist ein separates Deployment für die Clientapplikationen notwendig. Die Befehle in Listing 2.41 deployen nur die Schema- und Servicedefinitionen.

Ob das Deployment erfolgreich verlief, sehen Sie im BTP Cockpit. Alle Applikationen sollten im Zustand STARTED sein (siehe Abbildung 2.9).

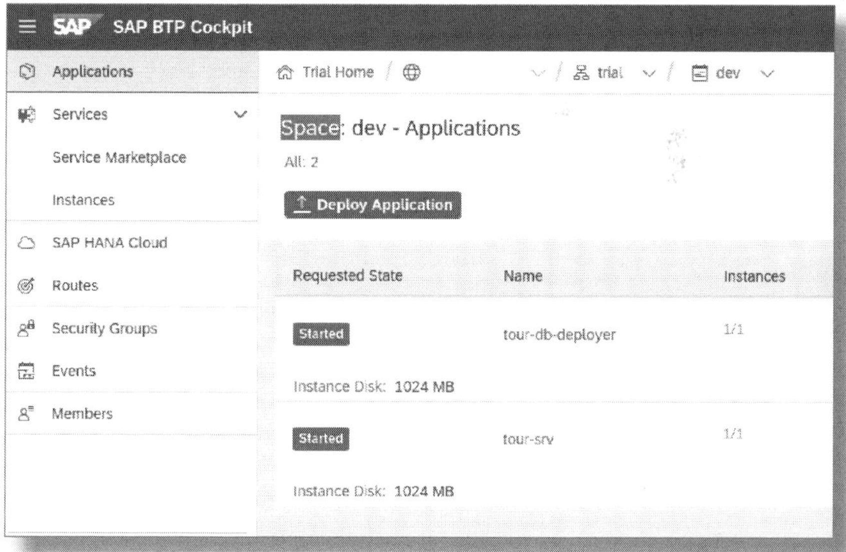

Abbildung 2.9: BTP Cockpit – Zustand Applikationen

Wenn Sie auf den Applikationsnamen klicken, sollten Sie in der INSTANCES-Sektion den Zustand RUNNING sehen. Wenn der Zustand auf ERROR steht, ist das Deployment nicht erfolgreich verlaufen (siehe Abbildung 2.10).

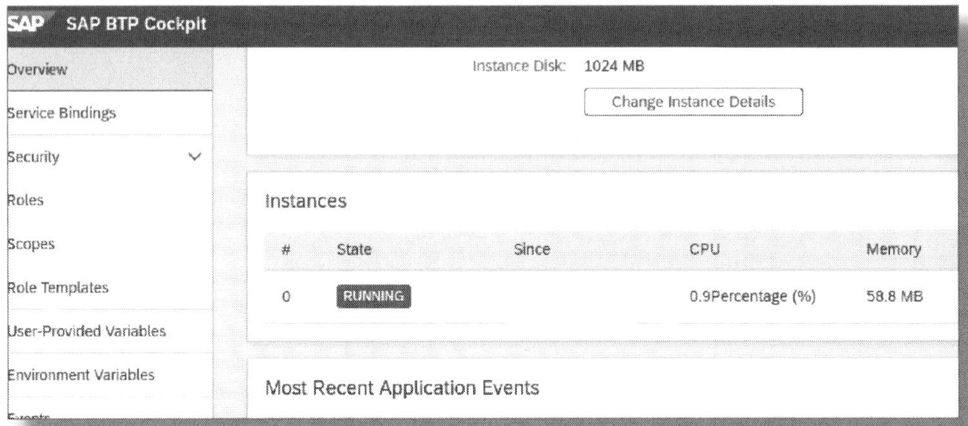

Abbildung 2.10: BTP Cockpit – Zustand und Ressourcenverbrauch der Applikation

2.6.3 Fehleranalyse

Zur Fehleranalyse rufen Sie das Log mit dem Kommando `cf logs <app-name>-db-deployer -recent` auf, wobei `<app-name>` ein Platzhalter für den Applikationsnamen ist. Möglicherweise bekommen Sie einen Verbindungabbruch mit einem Zertifikatsfehler angezeigt: »Error: Connection failed (SSL certificate validation failed ...)«. Diese Meldung ist irreführend, der Grund für den Abbruch ist meistens, dass die SAP-HANA-Datenbankinstanz nicht läuft. Deshalb sollten Sie das kontrollieren und die Datenbankinstanz bei Bedarf starten.

Wenn Sie eine Fehlermeldung mit ERROR: HDI MAKE FAILED ❶ (siehe Abbildung 2.11) bekommen, sollten Sie die vorgehenden Fehlermeldungen beachten. In Abbildung 2.11 finden Sie außerdem die Fehlermeldung ❷ ERROR: COM.SAP.HANA.DI.TABLEDATA: DATABASE ERROR 287: CANNOT INSERT NULL OR UPDATE TO NULL: ID). Diese ist ein Hinweis, dass die CSV-Dateien im Pfad DB • DATA unvollständig sind. Die Fehlermeldung besagt, dass eine ID in den CSV-Dateien fehlt. Wenn Sie die Applikation lokal mit den Kommandos `npx cds run` oder `npx cds watch` starten, brauchen die CSV-Dateien nicht unbedingt IDs vom Typ UUID enthalten. Bei SAP HANA müssen Sie jedoch solche angeben.

```
2 023-07-05T20:33:20.37+0200 [APP/PROC/WEB/0] OUT Error: com.sap.hana.di.tabledata: Databas
 ror 287: cannot insert NULL or update to NULL: ID: line 1 col 1 (at pos 0) [8201003]
  2023-07-05T20:33:20.37+0200 [APP/PROC/WEB/0] OUT at "src/gen/data/sap.capire.tours-Vehicle
ypes_texts.hdbtabledata" (0:0)
  2023-07-05T20:33:20.37+0200 [APP/PROC/WEB/0] OUT Error: com.sap.hana.di.tabledata: Deployi
g "src/gen/data/sap.capire.tours-VehicleTypes_texts.hdbtabledata$0.expand"... failed [821214
]
  2023-07-05T20:33:20.37+0200 [APP/PROC/WEB/0] OUT at "src/gen/data/sap.capire.tours-Vehicle
ypes_texts.hdbtabledata$0.expand" (0:0)
  2023-07-05T20:33:20.37+0200 [APP/PROC/WEB/0] OUT Error: Processing work list... failed [82
2102]
  2023-07-05T20:33:20.37+0200 [APP/PROC/WEB/0] OUT Make failed (7 errors, 0 warnings): tried
to deploy 4 files, undeploy 0 files, redeploy 57 dependent files
  2023-07-05T20:33:20.37+0200 [APP/PROC/WEB/0] OUT Error: Making... failed [8211605]
  2023-07-05T20:33:20.37+0200 [APP/PROC/WEB/0] OUT Error: Starting make in the container "ED
9336BE0FA4B6AA211BB2BB00CF174" with 4 files to deploy, 0 files to undeploy... failed [821416
]
  2023-07-05T20:33:20.37+0200 [APP/PROC/WEB/0] ERR Deployment to container ED39336BE0FA4B6AA
11BB2BB00CF174 failed - error: HDI make failed [Deployment ID: none].
  2023-07-05T20:33:20.37+0200 [APP/PROC/WEB/0] OUT Deployment ended at 2023-07-05 18:33:20
  2023-07-05T20:33:20.37+0200 [APP/PROC/WEB/0] ERR Error: HDI make failed 1
  2023-07-05T20:33:20.37+0200 [APP/PROC/WEB/0] OUT (4s 528ms)
```

Abbildung 2.11: Deployment-Log

2.7 Vue.js

Mit Vue.js erstellen Sie wie mit UI5 ansprechbare (responsive) Webapplikationen für CAP-Datenmodelle. Vue.js hat gegenüber UI5 folgende Vorteile:

- Sie haben direkt Zugriff auf alle Gestaltungsoptionen und Web-APIs, die die Browser bereitstellen. Die Möglichkeiten sind daher weitaus vielfältiger als bei UI5. Beispielsweise können Sie Textfelder mit CSS nach Ihren eigenen Vorgaben designen.
- Kleinere Vue.js-Applikationen laden deutlich schneller als UI5-Applikationen.

In diesem Abschnitt möchte ich Ihnen eine kurze Einführung in Vue.js geben. Eine Vue.js-Clientapplikation starten Sie mit der Ansichtsdefinition. Sie verwenden hierzu einen HTML-Dialekt mit einigen Vue.js-spezifischen Zusatzattributen. Vue.js übernimmt dann für Sie wie UI5 das Rendering im Browser. Listing 2.42 demonstriert den HTML-Dialekt.

```
<template>
  <div>
    <div>Bitte geben Sie Ihren Namen ein:</div>
    <div><input v-model="name"></div>
    <div v-if="name">Hallo {{ name }}</div>
  </div>
</template>

<script>
export default {
  name: 'App',
  data: function() {
    return {
      name: ''
    }
  }
}
</script>
```

Listing 2.42: Vue.js-Einsteigerapplikation »App.vue«

Charakteristisch für den Aufbau sind ein Template- und ein Skriptknoten. Der Template-Knoten enthält das HTML-Mark-up. Das `v-model`-Attribut in Zeile 4 definiert dabei eine Datenbindung zum `name`-Feld. Zeile 5 enthält ein HTML-`div`-Element, das erst angezeigt wird, wenn Sie einen Namen im Eingabefeld erfassen (erreicht durch das Attribut `v-if`). Die beiden geschweiften Klammern (`{{ name }}`) dienen als Platzhalter, und Vue.js ersetzt diesen durch den eingegeben Namen.

Der Skript-Knoten enthält ein JavaScript-Modul, das aus folgenden Bestandteilen besteht:

- dem Skriptnamen (`name: 'App'`) und

- der `data`-Funktion, die die Daten definiert, die für die Datenbindung zur Verfügung stehen.

Um aus Listing 2.42 ein ausführbares Programm zu erzeugen, benötigen Sie noch das Mainskript (siehe Listing 2.43) und einen Einstiegspunkt (siehe Listing 2.44).

```
import { createApp } from 'vue';
import App from './App.vue';

createApp(App).mount('#app');
```

Listing 2.43: Mainskript »main.js«

```
<!DOCTYPE html>
<html>
  <head>
    <title>Einsteigerprogramm in Vue.js</title>
  </head>
  <body>
    <div id="app"></div>
  </body>
</html>
```

Listing 2.44: Einstiegspunkt »index.html«

Ihr Projektverzeichnis benötigt folgende Struktur:

- »public«-Unterverzeichnis
  - »index.html« (siehe Listing 2.44)
- »src«-Unterverzeichnis
  - »App.vue« (siehe Listing 2.42)
  - »main.js« (siehe Listing 2.43)

Im Projektverzeichnis installieren Sie mit npm die Pakete `vue` und `@vue/cli-service` (siehe Listing 2.45).

```
npm install vue
npm install @vue/cli-service
```

Listing 2.45: Installationskommandos

Mit dem Kommando `npx vue-cli-service serve` starten Sie einen Testserver. Sie erreichen diesen im Webbrowser unter http://localhost:8080 (siehe Abbildung 2.12).

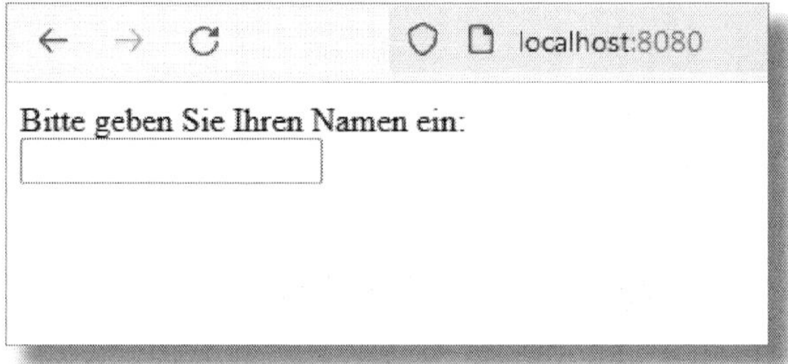

Abbildung 2.12: Testserver – initiale Ansicht

Wenn Sie in Abbildung 2.12 einen Namen eingeben, rendert Vue.js die Seite automatisch neu (siehe Abbildung 2.13).

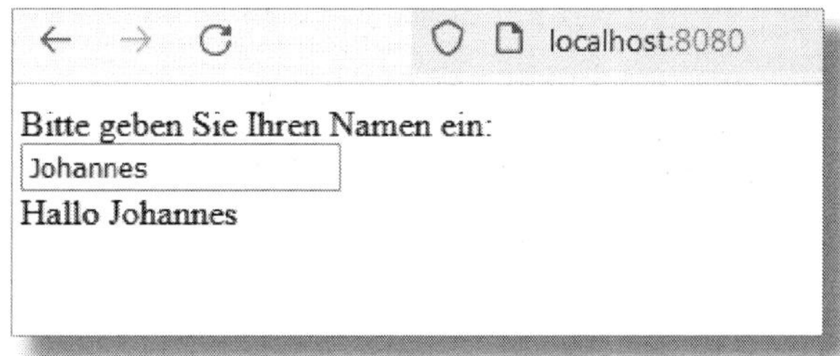

Abbildung 2.13: Testserver – Rerendering

2.7.1 Komponenten

Größere Anwendungen lassen sich mit Vue.js in einzelne Komponenten aufteilen. Die Komponenten sind dabei in einer Hierarchie angeordnet, an deren Spitze das Applikationsskript steht. Eine übergeordnete Komponente bindet Subkomponenten ein und übergibt diesen Datenobjekte (Datenbindung). Die Subkomponenten lösen Ereignisse aus, auf die die übergeordnete Komponente reagieren kann. Listing 2.46 zeigt die `ProgrammingLanguage`-Komponente, die in das Applikationsskript (siehe Listing 2.47) eingebunden werden soll.

```
<template>
  <div>
    <div>Programmiersprache</div>
    <div>
    <select v-model="nameAndLevel.name"
        v-on:change="nameChoosen($event)">
          <option
            v-for="language in availableLanguages"
            :value="language">{{ language }}</option>
      </select>
    </div>
    <div>Level</div>
    <div>
      <select v-model="nameAndLevel.level"
        v-on:change="levelChoosen($event)">
        <option
          v-for="level in availableLevels"
          :value="level">{{ level }}</option>
      </select>
    </div>
  </div>
</template>

<script>
export default {
  name: 'ProgrammingLanguage',
  props: {
    nameAndLevel: Object
  },
  data: function() {
    return {
      availableLanguages: [],
      availableLevels: []
```

```
      };
    },
    created: function() {
      this.availableLanguages = this.getAvailableLanguages();
      this.availableLevels = this.getAvailableLevels();
    },
    methods: {
      getAvailableLanguages: function() {
        return [
          'ABAP',
          'Basic',
          'C',
          'Cobol',
          'C++',
          'C\#',
          'D',
          'Erlang',
          'F\#'
        ];
      },
      getAvailableLevels: function() {
        return [
         'Anfänger',
         'Fortgeschritten',
         'Profi'
        ];
      },
      nameChoosen: function(event) {
        this.$emit("nameChoosen", event.target.value);
      },
      levelChoosen: function(event) {
        this.$emit("levelChoosen", event.target.value);
      }
    }
}
</script>
```

Listing 2.46: Vue.js-ProgrammingLanguage-Komponente

Die `ProgrammingLanguage`-Komponente enthält jeweils ein Auswahlfeld für die Programmiersprache und eines für das Level. Das `v-model`-Attribut beinhaltet die Datenbindung für die Auswahlfelder und das Attribut `v-on:change` die Methode, die bei Auswahl des Feldes ausgeführt wird. Bei Auswahl des Levels (`<select v-model="nameAndLevel.level" v-on:change="levelChoosen($event)">`) ruft Vue.js die Methode `levelChoosen` auf, die mit der Methode `this.$emit` ein Event auslöst.

Listing 2.47 zeigt die Integration der `ProgrammingLanguage`-Komponente in das Applikationsskript.

```
<template>
  <div>
    <div>
      <ProgrammingLanguage
        v-bind:nameAndLevel="nameAndLevel"
        @nameChoosen="nameChoosen($event)"
        @levelChoosen="levelChoosen($event)"/>
    </div>
    <div
      v-for="event in events">{{ event }}</div>
  </div>
</template>

<script>
import ProgrammingLanguage from
  './components/ProgrammingLanguage.vue';

export default {
  name: 'App',
  components: {
    ProgrammingLanguage
  },
  data: function() {
    return {
      events: [],
      nameAndLevel: {name: 'ABAP', level: 'Profi'}
    };
  },
```

```
    methods: {
      nameChoosen: function(name) {
        this.events.push(`Programmiersprache ${name}
          gewählt`);
      },
      levelChoosen: function(level) {
        this.events.push(`Level ${level} gewählt`);
      }
    }
}
</script>
```

Listing 2.47: Vue.js-Applikationsskript »App.vue«

Die `ProgrammingLanguage`-Komponente wird dabei in das Applikationsskript importiert (`import ProgrammingLanguage from './components/ProgrammingLanguage.vue'`). Hinter dem Schlüsselwort `from` folgt der vollständige Pfad der Komponente.

Der Datenaustausch vom Applikationsskript (siehe Listing 2.47) zur `ProgrammingLanguage`-Komponente (siehe Listing 2.46) erfolgt über die Datenbindung. Im `props`-Objekt der `ProgrammingLanguage`-Komponente erfolgt die Angabe aller möglichen Objekte, an die eine Datenbindung erfolgen kann (siehe Listing 2.48).

```
props: {
 nameAndLevel: Object
},
```

Listing 2.48: »props«-Objekt

Die Datenbindung erfolgt im Applikationsskript durch Angabe des Attributs `v-bind:nameAndLevel`. Als alternative Schreibweise können Sie `v-bind` weglassen und nur `:nameAndLevel` angeben. Der führende Doppelpunkt hat die gleiche Wirkung wie `v-bind`.

Umgekehrt erfolgt der Datenaustausch von der `ProgrammingLanguage`-Komponente zum Applikationsskript über Events. Nachdem ein Name ausgewählt worden ist, wird mit der Anweisung `this.$emit ("nameChoosen", event.target.value)` das Event `nameChoosen` geworfen. Das Applikationsskript empfängt und reagiert auf dieses Event, indem Sie dem Attribut `@nameChoosen` einen Ereignisbehandler zuweisen. Ereignisbehandler sind Methoden des Applikationsskripts.

2.7.2 Funktionen

In JavaScript stehen Ihnen einige Möglichkeiten zur Verfügung, die es in ABAP nicht gibt und die Sie sich mit Vue.js zunutze machen können. Eine davon ist die Verschachtelung von Funktionen. Innerhalb der Funktion `mainWrapper` ist die Funktion `printAlphabet` deklariert und wird dort aufgerufen (siehe Listing 2.49).

```
function mainWrapper() {
  const characters = ['a', 'l', 'p', 'h', 'a', 'b', 'e', 't'];
  function printAlphabet() {
    for (const char of characters) {
      console.log(char);
    }
  }
  printAlphabet();
}
```

Listing 2.49: Verschachtelte Funktionen

Die Funktion `printAlphabet` hat dabei Zugriff auf alle Variablen, die in der Funktion `mainWrapper` deklariert sind.

Eine zweite Möglichkeit besteht darin, Funktionen wie eine Variable zu behandeln. So können Sie innerhalb von Funktionen verschachtelte Funktionen zurückgeben oder Funktionen als Parameter an andere Funktionen übergeben (siehe Listing 2.50).

```
function mainWrapper() {
  const characters = ['a', 'l', 'p', 'h', 'a', 'b', 'e', 't'];
  function printAlphabet() {
    for (const char of characters) {
      console.log(char);
    }
  }
  return printAlphabet;
}
const printFunction = mainWrapper();
printFunction();
```

Listing 2.50: Rückgabe von verschachtelten Funktionen

Dies wird in der asynchronen Programmierung bei *Callback-Funktionen* genutzt. Die eingebaute JavaScript-Funktion `setTimeout` erwartet als ersten Parameter die Callback-Funktion, die nach Ablauf des Time-outs aufgerufen wird, und als zweiten Parameter die Zeit (in Millisekunden), nach der das Time-out ausgelöst wird.

Die dritte Möglichkeit ist die Erstellung von *Pfeilfunktionen*, die mit => deklariert werden (siehe Listing 2.51).

```
const alphabet = {
  characters: ['a', 'l', 'p', 'h', 'a', 'b', 'e', 't'],
  printNormalFunction: function() {
    for (const char of this.characters) {
      console.log(char);
    }
  },
  printArrowFunction: () => {
    for (const char of this.characters) {
      console.log(char);
    }
  }
};
```

```
alphabet.printNormalFunction();
var print = alphabet.printNormalFunction;
print();
alphabet.printArrowFunction();
```

Listing 2.51: Normale und Pfeilfunktionen

Normale und Pfeilfunktionen unterscheiden sich in der `this`-Variable. Die `this`-Variable stellt wie das ABAP-Pendant `me` im OO-Kontext alle Attribute und Methoden der aktuellen Objektinstanz zur Verfügung. Bei normalen Funktionen bestimmt der aufrufende Kontext die `this`-Variable. Der erste Aufruf `alphabet.printNormalFunction()` in Listing 2.51 gibt Ihnen die Zeichen a, l, p, h, a, b, e und t aus. Der aufrufende Kontext war hier das Objekt `alphabet`. Beim zweiten Mal wurde die Funktion `printNormalFunction` an die Variable `print` übergeben. Der Aufruf von `print()` ergibt eine Fehlermeldung, da `this` nun der globale Kontext ist, der im Browser dem globalen Window-Objekt entspricht. Bei Pfeilfunktionen entspricht `this` immer dem globalen Kontext, weshalb sie als Methoden ungeeignet sind und sich besser als verschachtelte Funktionen eignen. In der `methods`-Sektion von Vue.js-Komponenten (siehe z. B. Listing 2.47) sollten Sie aus diesem Grund keine Pfeilfunktionen verwenden.

2.7.3 Lebenszyklus

Die in Tabelle 2.2 aufgezählten Ereignisbehandler verwenden Sie, um auf Änderungen des Lebenszyklus einer Vue.js-Komponente zu reagieren. Ebendieser ist in Abbildung 2.14 dargestellt.

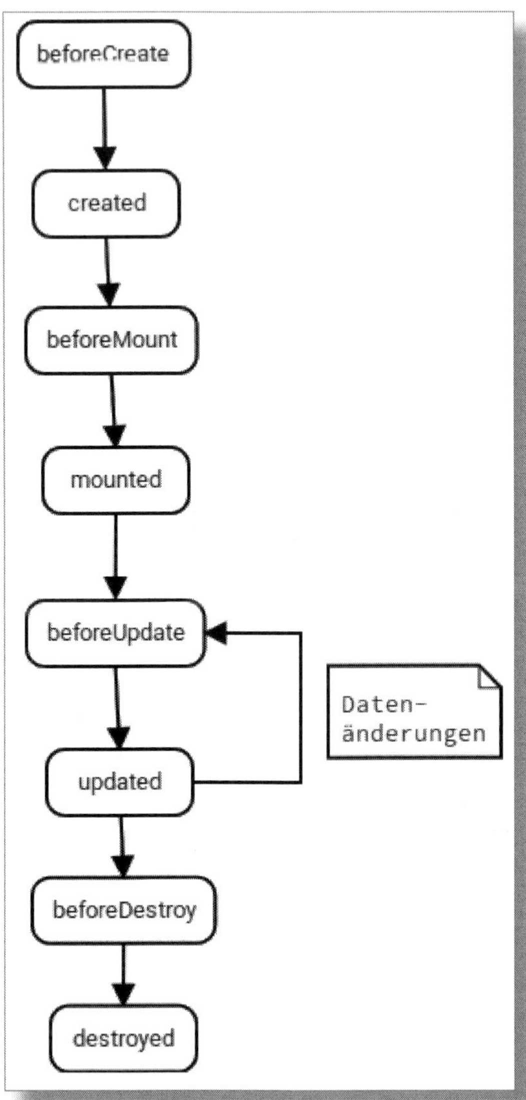

Abbildung 2.14: Lebenszyklus Vue.js-Komponente

Ereignisbehandler	Typ	Zeitpunkt
beforeCreate	Funktion	Aufruf erfolgt unmittelbar nach Instanziierung einer Komponente. Zu diesem Zeitpunkt überwacht Vue.js noch nicht die Datenbindungen.
created	Funktion	Nach der Instanziierung ruft Vue.js diese Funktion auf, wenn die berechneten Eigenschaften zur Verfügung stehen und die Überwachung von Datenbindungen eingerichtet ist. Parameter aus dem `props`-Objekt und Methoden aus der `methods`-Sektion stehen Ihnen zum Zeitpunkt des Aufrufs zur Verfügung.
beforeMount	Funktion	Diese Funktion wird vor dem Mount aufgerufen; d. h., bevor Vue.js die HTML-Knoten zum ersten Mal in das Document Object Model (DOM) einfügt.
mounted	Funktion	Aufruf erfolgt nach dem Mount.
beforeUpdate	Funktion	Der Aufruf erfolgt vor dem Rerendering, d. h., bevor Vue.js das DOM modifiziert. Ein Update findet statt, sobald sich ein Objekt ändert, das mittels `v-bind` an einen HTML-Knoten oder eine Vue.js-Komponente gebunden ist (Überwachung der Datenbindung).
updated	Funktion	Aufruf erfolgt nach dem Rerendering.
watch	Objekt, bestehend aus Callback-Funktionen	Dient zum Überwachen einzelner Variablen (siehe Abschnitt 3.5.4). Vue.js ruft die Callback-Funktionen auf, sobald sich die Werte ändern. Die Komponentennamen entsprechen dabei den Variablennamen der überwachten Objekte.

Ereignisbehandler	Typ	Zeitpunkt
beforeDestroy	Funktion	Vor dem Entfernen einer Komponente können Sie hier Aufräumarbeiten vornehmen wie beispielsweise Cookies entfernen. Ihnen steht zu diesem Zeitpunkt noch die komplette Funktionalität zur Verfügung.
destroyed	Funktion	Aufruf erfolgt, nachdem die Komponente entfernt worden ist.

Tabelle 2.2: Lebenszyklus Ereignisbehandler

2.7.4 Asynchrone Programmierung

Wenn Sie mit Vue.js programmieren, ist das Verständnis der asynchronen Programmierung wichtig. Asynchrone Programmierung bedeutet, dass nicht auf die Beendigung einer asynchronen Funktion gewartet, sondern die Programmausführung fortgesetzt wird. Bei der Entwicklung mit Vue.js und SAP CAP verwenden Sie asynchrone Funktionen wie die im Abschnitt 2.7.5 angesprochene `fetch`-Funktion. Damit JavaScript wartet, bis eine asynchrone Funktion abgeschlossen ist, sind Promises bzw. `await`-Statements notwendig. Listing 2.52 zeigt eine simple asynchrone Funktion.

```
function simpleAsyncFunction(){
  setTimeout(() => console.log('Timeout abgelaufen'), 1000);
  console.log('Funktion beendet');
}
```

Listing 2.52: Asynchrone Funktion

Wenn Sie diese Funktion ausführen, wird zuerst »Funktion beendet« und danach »Timeout abgelaufen« auf der Konsole ausgegeben. Dies liegt darin begründet, dass es sich bei `setTimeout` um eine asynchrone Funktion handelt und JavaScript in Listing 2.52 nicht wartet, bis der Time-out abgelaufen ist. Stattdessen wird die Callback-Funktion

`(() => console.log('Timeout abgelaufen'))` im Event-Loop registriert und die Funktion `simpleAsyncFunction` direkt weiter ausgeführt. Die Callback-Funktion ist dabei eine verschachtelte Funktion, die nach Ablauf des Time-outs ausgeführt wird. Mit der Verwendung von Promises lassen sich die Statements in Listing 2.52 so synchronisieren, dass zuerst »Timeout abgelaufen« und danach »Funktion beendet« auf der Konsole ausgegeben wird (siehe Listing 2.53).

```
function simpleAsyncFunction(){
  const promise = new Promise((resolve, reject => {
    setTimeout(() => {
      resolve('Timeout abgelaufen');
    }, 1000);
  });
  promise
    .then(result => {
       console.log(result);
       console.log('Funktion beendet');
    })
    .catch(error => console.error(error));
}
```

Listing 2.53: Promises

Einem Promise geben Sie bei Instanziierung eine asynchrone Funktion mit zwei Parametern (`resolve`- und `reject`-Funktion) mit. Die `resolve`-Funktion rufen Sie auf, wenn das Ergebnis der asynchronen Funktion vorliegt. Die `reject`-Funktion rufen Sie im Fehlerfall auf.

Nach Instanziierung geben Sie in der `then`-Methode des Promises eine Callback-Funktion an, die nach erfolgreicher Beendigung der asynchronen Funktion zur Ausführung kommt. In der `catch`-Methode erfolgt die Fehlerbehandlung.

Mit dem `await`-Statement können Sie den JavaScript-Interpreter anweisen, zu warten, bis ein Promise beendet wird oder einen Fehler wirft. Den Fehler fangen Sie mit einem `try`- and `catch`-Statement ab. Funktionen benötigen das Schlüsselwort `async`, damit Sie das `await`-Statement verwenden können (siehe Listing 2.54).

```
async function simpleAsyncFunction(){
  const promise = new Promise((resolve, reject => {
    setTimeout(() => {
      resolve('Timeout abgelaufen');
    }, 1000);
  });
  console.log(await promise);
  console.log('Funktion beendet');
}
(async function(){
  await simpleAsyncFunction();
})();
```

Listing 2.54: »await«-Statement

Mit dem `await`-Statement brauchen Sie keine `then`- und `catch`-Methode mehr für jedes Promise zu implementieren, was eine tiefe Verschachtelung von Funktionen vermeidet und für eine bessere Übersichtlichkeit sorgt.

2.7.5 Interaktion mit OData-Services

In Vue.js lässt sich über das Fetch-API mit OData-Services interagieren. Das Fetch-API ist ein JavaScript-API (Application Programming Interface), das die Webbrowser bereitstellen. Listing 2.55 zeigt Ihnen, wie mit dem Fetch-API ein HTTP-POST-Request erstellt und an den OData-Service gesendet wird.

```
const response = await fetch('/tour/createVehicleType', {
  method: 'POST',
  headers: {
    'Content-Type': 'application/json'
  },
  body: JSON.stringify({text: 'LKW'})
});
if (!response.ok)
```

```
  throw await response.json();

console.log(await response.json());
```

Listing 2.55: Fetch-API – Verwendung mit »await«

Als Erstes wird mit der asynchronen `fetch`-Funktion ein HTTP-POST-Request an den OData-Service mit dem Objekt `{text: 'LKW'}` gesendet, das zur Datenübermittlung zu einem JSON-Objekt konvertiert wird.

Nach der `fetch`-Funktion prüft das Programm den HTTP-Statuscode. Ist dieser nicht okay (`if(!response.ok)`), wirft das Programm einen Fehler, der sich in einer übergeordneten Funktion mit einem `try`- und `catch`-Statement abfangen lässt. Andernfalls wird der Inhalt der Antwort auf der Konsole ausgegeben (`console.log(await response.json())`). Hier ist wieder ein `await`-Statement notwendig, da `response.json` ein Promise zurückgibt.

Listing 2.56 zeigt die Verwendung des Fetch-API mit Promises.

```
fetch('/tour/createVehicleType', {
  method: 'POST',
  headers: {
    'Content-Type': 'application/json'
  },
  body: JSON.stringify({text: 'LKW'})
}).then(response => {
  response.json().then(responseBody => {
    if(!response.ok)
      throw responseBody;
    console.log(responseBody);
  });
});
```

Listing 2.56: Fetch-API – Verwendung mit Promises

3 Beispielanwendung

In diesem Kapitel möchte ich Ihnen anhand einer realistischen Speditionsanwendung die Entwicklung mit SAP CAP zeigen und dabei die verschiedenen Oberflächentechnologien beleuchten.

Als Beispiel soll in diesem Kapitel eine Speditionsanwendung dienen, in der Touren verwaltet werden. Eine geplante Tour besteht aus:

- einem Fahrzeug (Lkw, Lok, Schiff)
- einem Fahrzeugführer (Lkw-Fahrer, Lokführer bzw. Kapitän), der die Güter von A nach B befördert
- einem geplanten Start (Datum, Uhrzeit und Beladestelle)
- einem geplanten Ziel (Datum, Uhrzeit und Endladestelle)
- den transportierten Gütern

Güter besitzen die folgenden Merkmale:

- transportiertes Material
- Menge

Die Fahrzeugführer melden Touren zurück. Dabei geben sie folgende Daten an:

- Kilometerstand, Datum und Uhrzeit am Start
- Kilometerstand, Datum und Uhrzeit am Ziel

Um aus diesen Stichpunkten eine SAP-CAP-Applikation zu erstellen, legen Sie in Ihrem Projektverzeichnis (Unterordner »db«) die Schemadefinition (Datei »schema.cds«) an (siehe Listing 3.1).

```
using { managed, sap } from '@sap/cds/common';
namespace sap.capire.tours;

entity VehicleTypes @(restrict: [
```

```
  { grant: 'READ' },
  { grant: 'WRITE', to: 'Dispatcher' }
]) : managed {
  key ID : UUID;
  text : localized String(100);
}

entity Vehicles @(restrict: [
  { grant: 'READ' },
  { grant: 'WRITE', to: 'Dispatcher' }
]) : managed {
  @mandatory
  key ID : String(20);
  @mandatory
  type: Association to VehicleTypes;
}

type Address {
  addressLine: String(100);
  street: String(100);
  streetNumber: String(10);
  city: String(100);
  zip: String(10);
  country: Country;
}

entity PlannedTours @(restrict: [
  { grant: 'READ', to: 'Dispatcher' },
  { grant: 'READ', to: 'Driver', where: 'driver = $user' },
  { grant: 'WRITE', to: 'Dispatcher' }
]) : managed {
  key ID : UUID;
  @mandatory
  vehicle: Association to Vehicles;
  @mandatory
  startDate: DateTime;
  @mandatory
  startAddress: Address;
  @mandatory
  endDate: DateTime;
```

```
  @mandatory
  targetAddress: Address;
  transportedGoods: Composition of many TransportedGoods on
    transportedGoods.tour = $self;
  driver: User;
  confirmation: Composition of TourConfirmations on
    confirmation.tour = $self;
}

entity TransportedGoods @(restrict: [
  { grant: 'READ' },
  { write: 'WRITE', to: 'Dispatcher' }
]) : managed {
  key ID: UUID;
  tour: Association to PlannedTours;
  material: String(100);
  quantity: Decimal(10,2);
  unitOfMeasure: String(3);
}

entity TourConfirmations @(restrict: [
  { grant: 'READ' },
  { grant: 'WRITE', to: 'Dispatcher' },
  { grant: 'WRITE', to: 'Driver',
    where: 'tour.driver = $user' }
]) : managed {
  key ID: UUID;
  tour: Association to PlannedTours;
  startDate: DateTime;
  endDate: DateTime;
  kmStart: Decimal(10, 0);
  kmEnd: Decimal(10, 0);
}
```

Listing 3.1: Schemadefinition Tourenanwendung

In der Schemadefinition legen Sie Entitäten und Datentypen fest. In Listing 3.1 sind folgende Entitäten definiert:

- `VehicleTypes`: Fahrzeugtyp mit ID und Beschreibung

- `Vehicles`: Fahrzeuge mit ID und Fahrzeugtyp; der Fahrzeugtyp stammt aus der Entität `VehicleType`
- `PlannedTours`: geplante Tour mit Fahrzeug, Startdatum und -uhrzeit, Enddatum und -uhrzeit, Adresse Beladestelle, Adresse Entladestelle sowie den transportierten Gütern
- `TransportedGoods`: ein transportiertes Gut mit Materialbezeichnung und Menge
- `TourConfirmations`: Rückmeldungen mit Ist-Startdatum und -uhrzeit, Kilometerstand Start, Enddatum und -uhrzeit sowie Kilometerstand Ende

Die Primärschlüssel sind als UUIDs ausgeführt. Die CAP-Laufzeitumgebung vergibt nur für den Typ UUID die Primärschlüssel beim Erstellen der Entitäten automatisch. Primärschlüssel vom Typ Integer werden beim Erstellen neuer Entitäten nicht automatisch vergeben.

Listing 3.1 definiert zwei Berechtigungsrollen:

- `Dispatcher` (Disponent): Rolle mit allen Berechtigungen
- `Driver` (Fahrzeugführer): Mit dieser Rolle sind nur Tourenrückmeldungen erlaubt, die dem Fahrzeugführer zugewiesen sind

Neben der Schemadefinition erstellen Sie die Dispositionsservicedefinition in der Datei »tour-service.cds« im Unterordner »srv« (siehe Listing 3.2). Die `restrict`-Annotationen schränken den Zugriff auf die Aktionen ein, sodass nur Disponenten Fahrzeugtypen und Fahrzeuge erstellen bzw. ändern können.

```
using { sap.capire.tours as my } from '../db/schema';

service DispositionService
  @(path: '/tour')
  @(requires:'authenticated-user') {

  entity VehicleTypes as projection on my.VehicleTypes;
  entity Vehicles as projection on my.Vehicles;
  entity TransportedGoods as projection on
```

```
    my.TransportedGoods;
  entity PlannedTours as projection on my.PlannedTours;

  @(restrict: [{ to: 'Dispatcher' }])
  action createVehicleType(text: String) returns {};
  @(restrict: [{ to: 'Dispatcher' }])
  action updateVehicleType(ID: UUID, text: String)
    returns {};
  @(restrict: [{ to: 'Dispatcher' }])
  action deleteVehicleType(ID: UUID) returns {};
  @(restrict: [{ to: 'Dispatcher' }])
  action createVehicle(ID: String, type_ID: UUID)
    returns {};
  @(restrict: [{ to: 'Dispatcher' }])
  action updateVehicle(ID: String, type_ID: UUID)
    returns {};
  @(restrict: [{ to: 'Dispatcher' }])
  action deleteVehicle(ID: String) returns {};
  @(restrict: [{ to: 'Dispatcher' }, { to: 'Driver' }])
  action createTourConfirmation(startDate: DateTime,
    kmStart: Decimal(10, 0), endDate: DateTime,
    kmEnd: Decimal(10, 0), tour_ID: UUID) returns {};
  @(restrict: [{ to: 'Dispatcher' }, { to: 'Driver' }])
  action updateTourConfirmation(ID: UUID,
    startDate: DateTime,
    kmStart: Decimal(10, 0),
    endDate: DateTime,
    kmEnd: Decimal(10, 0)) returns {};
}
```

Listing 3.2: Definition Dispositionsservice in Datei »tour-service.cds«

Die Tourenrückmeldung verwendet eine separate Servicedefinition (siehe Listing 3.3), um nicht oder nicht vollständig rückgemeldete Touren anzuzeigen. Die Projektion der geplanten Touren in Listing 3.2 und die View `PendingTours` können nicht in ein und demselben Service zusammengefasst werden.

```
using { sap.capire.tours as my } from '../db/schema';

service ConfirmationService @(path: '/conf')
  @(requires:'authenticated-user') {

 entity PendingTours as select from my.PlannedTours {
   *
 } where confirmation.endDate is null;

 entity TransportedGoods as projection on
   my.TransportedGoods;

}
```

Listing 3.3: Definition Rückmeldeservice in Datei »tour-confirmation.cds«

Eine Filterung der Touren mit einer `where`-Bedingung, sodass der Fahrzeugführer nur seine eigenen Touren sehen kann, erfolgt im Rückmeldeservice nicht. Dies wird stattdessen durch die `restrict`-Annotationen in Listing 3.1 realisiert. Eine Filterbedingung mit dem angemeldeten Benutzer auf der rechten Seite wie in Listing 3.4 liefert falsche Resultate, da die Pseudovariable `$user` im Servicekontext nicht zur Verfügung steht.

```
using { sap.capire.tours as my } from '../db/schema';

service ConfirmationService @(path: '/conf')
 @(requires:'authenticated-user') {

 entity PendingTours as select from my.PlannedTours {
   *
 } where confirmation.endDate is null and driver = $user;
 entity TransportedGoods as projection on
   my.TransportedGoods;

}
```

Listing 3.4: Problematische Filterbedingungen

Die Aktionen im Dispositionsservice (siehe Listing 3.2) sind für Modifikationen gedacht, und Sie implementieren sie separat in JavaScript (siehe Listing 3.5). Die Servicenamen in Listing 3.2 und Listing 3.5 müssen dabei übereinstimmen.

```
const cds = require('@sap/cds');

/* Name must be identical to service name in CDS-service-
   definition */
class DispositionService extends cds.ApplicationService {
  init(){
    const {VehicleTypes, Vehicles, TourConfirmations} =
      this.entities('sap.capire.tours');

    this.on('createVehicleType', async req => {
      await INSERT.into(VehicleTypes, [req.data]);
      return req.reply({});
    });
    this.on('updateVehicleType', async req => {
      await UPDATE(VehicleTypes, {ID: req.data.ID}).
        with(req.data);
      return req.reply({});
    });
    this.on('deleteVehicleType', async req => {
      await DELETE(VehicleTypes, {ID: req.data.ID});
    });
    this.on('createVehicle', async req => {
      await INSERT.into(Vehicles, [req.data]);
      return req.reply({});
    });
    this.on('updateVehicle', async req => {
      await UPDATE(Vehicles, {ID: req.data.ID}).
        with(req.data);
    });
    this.on('deleteVehicle', async req => {
      await DELETE(Vehicles, {ID: req.data.ID});
    });
    this.on('createTourConfirmation', async req => {
      await INSERT.into(TourConfirmations, [req.data]);
      return req.reply({});
```

```
    });
    this.on('updateTourConfirmation', async req => {
      await UPDATE(TourConfirmations, {ID: req.data.ID}).
        with(req.data);
    });
    return super.init();
  }
}

module.exports = {DispositionService}
```

Listing 3.5: Implementierung Dispositionsservice

3.1 OData-Versionen

Standardmäßig verwendet SAP CAP die Version 4 des OData-Protokolls. Um auf die Version 2 zurückzugreifen, installieren Sie als Erstes das Paket »@sap/cds-odata-v2-adapter-proxy« mit dem Kommando `npm add @sap/cds-odata-v2-adapter-proxy`.

Im zweiten Schritt fügen Sie im »srv«-Ordner die Datei »server.js« hinzu (siehe Listing 3.6).

```
const proxy = require('@sap/cds-odata-v2-adapter-proxy');
const cds = require('@sap/cds');

cds.on('bootstrap', app => app.use(proxy()));
module.exports = cds.server;
```

Listing 3.6: Kompatibilitätsskript in Datei »server.js«

Sie erreichen die Version 2 unter der URL http://localhost:4004/v2/ und die Version 4 unter der URL http://localhost:4004/. Die Metadaten unter Version 2 fragen Sie mit der URL http://localhost:4004/v2/tour/$metadata und unter Version 4 mit der URL http://localhost:4004/tour/$metadata ab.

3.2 Testapplikation

Von der Schema- und Servicedefinition gelangen Sie mit wenigen Schritten zu einer Testapplikation. Als Erstes installieren Sie die Pakete »@sap/cds« und »express« mit den Befehlen `npm install @sap/cds` und `npm install express`.

Als Zweites ergänzen Sie in der Paketkonfiguration (Datei »package.json«) das `cds`-Objekt (siehe Listing 3.7).

```
{
  "name": "tour",
  "version": "1.0.0",
  "description": "A simple CAP project.",
  "repository": "<Add your repository here>",
  "license": "UNLICENSED",
  "private": true,
  "dependencies": {
    "@sap/cds": "^5.9.7",
    "express": "^4.18.1",
    "passport": "^0.6.0"
  },
  "devDependencies": {
    "sqlite3": "^5.0.2"
  },
  "scripts": {
    "start": "cds run"
  },
  "eslintConfig": {
    "extends": "eslint:recommended",
    "env": {
      "es2020": true,
      "node": true,
      "jest": true,
      "mocha": true
    },
    "globals": {
      "SELECT": true,
      "INSERT": true,
```

```
        "UPDATE": true,
        "DELETE": true,
        "CREATE": true,
        "DROP": true,
        "CDL": true,
        "CQL": true,
        "CXL": true,
        "cds": true
      },
      "rules": {
        "no-console": "off",
        "require-atomic-updates": "off"
      }
    },
    "cds": {
      "requires": {
        "db": {
        "kind": "sqlite"
        }
      }
    }
  }
```

Listing 3.7: Paketkonfiguration

Im dritten Schritt geben Sie in der Kommandozeile den Befehl `npx cds deploy` ein, der Ihnen aus Schema- und Servicedefinition automatisch eine lokale Datenbank erstellt und die Testdaten aus dem Ordner DB • DATA in die lokale Datenbank einfügt. Testdaten sind CSV-Dateien, deren Dateiname sich aus dem Namensraum und den Entitätsnamen zusammensetzt. Die Datei »sap.capire.tours-VehicleTypes.csv« enthält die Testdaten der Fahrzeugtypen (siehe Listing 3.8).

```
ID;text
b780890-4103-4a59-aafc-e34032ca9f4b;LKW
d866c085-b9e1-4387-85db-3e664c86c59c;Zug
```

Listing 3.8: Testdaten Fahrzeugtypen

Felder vom Typ »Timestamp« oder »DateTime« geben Sie im ISO-8601-Format an (YYYY-MM-ddThh:mm:ss).

Die lokale Datenbank ist eine SQLite-Datenbank. Dieser Datenbanktyp verursacht keinen Wartungs- oder Installationsaufwand. Sie brauchen für diesen Schritt deshalb keine Kenntnisse über Datenbankadministration und -installation.

Der Befehl `npx cds build && npx cds run` erstellt Ihnen die Webapplikation, die unter der URL http://localhost:4004 zu finden ist (siehe Abbildung 3.1).

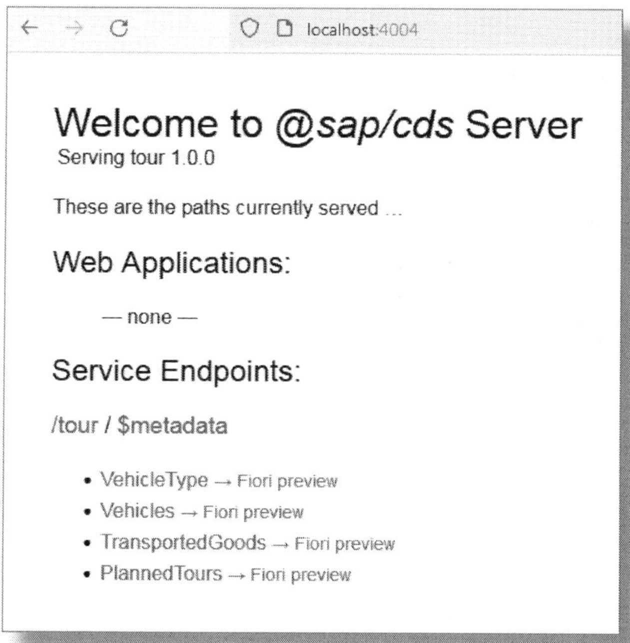

Abbildung 3.1: Navigationsseite Webapplikation

Wenn Sie auf VEHICLETYPE ▸ FIORI PREVIEW klicken, öffnet sich die Fiori-Vorschau (siehe Abbildung 3.2).

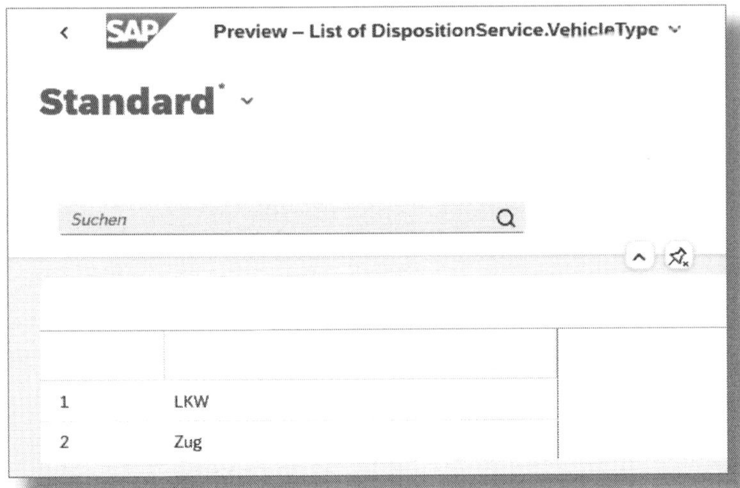

Abbildung 3.2: Fiori-Vorschau Fahrzeugtypen

In der Servicedefinition (siehe Listing 3.2) wurde festgelegt, dass nur angemeldete Nutzer die Entitäten verwalten dürfen (`@(requires:'authenticated-user')`). Sie werden daher nach Ihren Zugangsdaten gefragt. Voreingestellte Zugangsdaten im Testmodus sind der Benutzername »Alice« und ein leeres Kennwort. Im Produktivmodus verwenden Sie stattdessen sichere Authentifizierungsmechanismen (siehe Abschnitt 2.5.1).

Tabelle 3.1 stellt mögliche Fehlermeldungen zusammen.

Fehlermeldung	Ursache
No Database connection	Die Paketkonfiguration enthält nicht wie in Listing 3.7 gezeigt das Objekt `cds • requires • db`.
SQLITE_ERROR: no such table: localized_de_DispositionService_VehicleType in: SELECT count (1) AS "$count" FROM localized_de_DispositionService_VehicleType ALIAS_1	Der Befehl `npx cds deploy` wurde nicht vor dem Start der OData-Services ausgeführt.

Tabelle 3.1: Mögliche Fehlermeldungen

Anstelle der Fiori-Vorschau erstellen Sie mit UI5 oder Vue.js Ihre eigenen Clientapplikationen (siehe Abschnitt 3.3, Abschnitt 3.4 und Abschnitt 3.5).

3.2.1 Startoptionen und -kommandos im Testmodus

Sie können SAP-CAP-Applikationen lokal mit einer persistenten SQLite-Datenbank (Datei »db.sqlite«) oder mit einer In-Memory-SQLite-Datenbank starten. Die In-Memory-Datenbank verwirft alle Änderungen, sobald Sie die SAP-CAP-Applikation beenden. Für die persistente Datenbank geben Sie in der Paketkonfiguration `"kind": "sqlite"` (siehe Listing 3.7) und für die In-Memory-Datenbank `"kind": "sql"` an. Bei der In-Memory-SQLite-Datenbank entfällt der Befehl `npx cds deploy`.

> **☛ Schemaänderungen bei persistenten SQLite-Datenbanken**
>
> Wird das Datenbankschema während der Entwicklung geändert, überträgt der Befehl `npx cds deploy` die Änderungen auf die SQLite-Datenbank in die Datei »sqlite.db«. Allerdings überschreibt der Befehl die Testdaten mit den Inhalten der CSV-Dateien. Bei In-Memory-SQLite-Datenbanken genügt ein Applikationsneustart, damit die Schemaänderungen aktiv sind.

Tabelle 3.2 enthält die möglichen Startkommandos.

Kommando	Wirkung
npx cds watch	Startet die Applikation im Watch-Modus. Eine Änderung der Dateien (Schema-, Servicedefinition usw.) bewirkt einen Applikationsneustart.
npx cds build && npx cds run	Baut und startet die Applikation. Eine Änderung der Dateien bewirkt keinen automatischen Applikationsneustart.

Tabelle 3.2: Startkommandos

3.3 UI5-Clientapplikation

Die UI5-Clientapplikation macht sich den Umstand zunutze, dass die CAP-Laufzeitumgebung die Entitäten als OData-Services veröffentlicht. Ich möchte Ihnen nun eine einfache Applikation zeigen, mit der Sie Fahrzeugtypen sowie Fahrzeuge erstellen und die keine CAP-CDS-Annotationen aus Abschnitt 3.4 verwendet.

Für die Applikation erstellen Sie im Ordner »app« (siehe Abbildung 1.1)

- ein Unterverzeichnis mit dem Namen »resources« für die UI5-Laufzeitumgebung (Downloadlink *https://tools.hana.ondemand.com/#sapui5*) und
- ein Unterverzeichnis (Applikationsverzeichnis), das alle Dateien Ihrer Applikationen enthält.

Im Applikationsverzeichnis legen Sie als Erstes ein Modul für das Datenmodell an (siehe Listing 3.9). Dabei müssen Sie beachten, dass die Version 4 des OData-Protokolls zur Anwendung kommt. Die Bindung des Datenmodells ist als Zweiwegebedingung ausgeführt. Diese erlaubt sowohl CREATE- als auch READ-Operationen.

```
sap.ui.define([
  "sap/ui/model/json/JSONModel",
  "sap/ui/model/odata/v4/ODataModel",
  "sap/ui/Device"
], function(JSONModel, ODataModel, Device) {
  "use strict";

  return {
    createDeviceModel: function() {
      var oModel = new JSONModel(Device);
      oModel.setDefaultBindingMode("OneWay");
      return oModel;
    },
    createODataModel: function() {
      var oModel = new ODataModel({
      serviceUrl: "/tour/",
      synchronizationMode: 'None'});
```

```
        oModel.setDefaultBindingMode("TwoWay");
        return oModel;
      }
    };
  });
```

Listing 3.9: Datenmodelldefinition in Datei »model.js«

Die Applikation beinhaltet einen Dialog zur Eingabe von Daten zu den Fahrzeugtypen sowie einem Dialog für die Daten zu den Fahrzeugen.

Der Dialog zu den Fahrzeugtypen besteht aus einem simplen Formular (`SimpleForm`) mit einem Textfeld für die Beschreibung des Fahrzeugtyps (siehe Listing 3.10), aus einem Button zum Absenden des Formulars und einer Liste aller Fahrzeugtypen.

```
<mvc:View
  xmlns:core="sap.ui.core"
  xmlns="sap.m"
  xmlns:mvc="sap.ui.core.mvc"
  xmlns:f="sap.ui.layout.form"
  xmlns:l="sap.ui.layout"
  xmlns:t="sap.ui.table"
  xmlns:html="http://www.w3.org/1999/xhtml"
  xmlns:app="http://schemas.sap.com/
    sapui5/extension/sap.ui.core.CustomData/1"
  controllerName="tour.VehicleTypes"
  class="sapUiSizeCompact"
  height="100%">

  <f:SimpleForm id="simpleForm"
    maxContainerCols="2"
    title="Fahrzeugart Erfassung">
    <f:content>
      <l:VerticalLayout>
        <Button text="Sichern" press="onSave"/>
        <Input editable="true" description=""
          id="text"/>
      </l:VerticalLayout>
```

```
      </f:content>
    </f:SimpleForm>
    <VBox fitContainer="true">
      <t:Table id="vehicleTypes" rows="{/VehicleTypes}">
        <t:columns>
          <t:Column>
            <Label text="Fahrzeugtyp"/>
            <t:template>
              <Text text="{text}"/>
            </t:template>
          </t:Column>
        </t:columns>
      </t:Table>
    </VBox>
</mvc:View>
```

Listing 3.10: Fahrzeugtypdialog in Datei »VehicleTypes.view.xml«

Das Controllerskript (siehe Listing 3.11) übergibt die Werte aus dem Formular an den OData-Service. Hierfür ist keine Angabe des Primärschlüssels erforderlich. Die CAP-Laufzeitumgebung generiert den Primärschlüssel im Hintergrund.

```
sap.ui.define([
  "sap/ui/core/mvc/Controller",
  "./model"
], function(Controller, models) {
  "use strict";

  return Controller.extend("tour.VehicleTypes", {
    onInit: function onSave(){
      var model = models.createODataModel();
      this.getView().setModel(model);
    },
    onSave: function(){
      var model = this.getView().getModel();
      var context = model.bindList(
        "/VehicleTypes",
        undefined,
```

```
            undefined,
            undefined,
            { $$updateGroupId: "AddTemplate" }
          ).create({
           text: this.getView().byId('text').getValue(),
          });
          context.created()
            .then(() => {
              console.log('success');
              model.refresh();
            })
            .catch(error => {
              console.error('Failed to create entity of type
                VehicleTypes');
              console.error(error);
            });
          model.submitBatch("AddTemplate");
      }
    });
  });
```

Listing 3.11: Controllerskript in Datei »VehicleTypes.controller.js«

Im Vergleich zur Version 2 des OData-Protokolls können Sie in Version 4 Entitäten nicht mehr mit der Methode `model.create()` erzeugen. Stattdessen verwenden Sie den verketteten Methodenaufruf `model.bindList("/VehicleTypes", undefined, undefined, undefined, { $$updateGroupId: "AddTemplate" }).create()`, um eine neue Entität mit den Werten aus dem Formular zu erstellen, und `model.submitBatch("AddTemplate")`, um die Entität an den OData-Service zu übergeben.

Der Dialog zur Pflege der Daten zu den Fahrzeugen ist fast identisch aufgebaut (siehe Listing 3.13).

Im Vergleich zu Listing 3.10 ändert sich die Datenbindung. Die Vehicles-Entität (`entity Vehicles` in Listing 3.1) besteht nicht nur aus primitiven Datentypen, sondern enthält noch eine Assoziation zur `Vehicle-`

Types-Entität, aus der der OData-Service eine Navigationseigenschaft und eine Spalte mit dem Fahrzeugtypschlüssel generiert. In den Metadaten (siehe Listing 3.12) finden Sie die Strukturdefinition.

```
<EntityType Name="Vehicles">
  <Key>
    <PropertyRef Name="ID"/>
  </Key>
  <Property Name="createdAt" Type="Edm.DateTimeOffset"
    Precision="7"/>
  <Property Name="createdBy" Type="Edm.String"
    MaxLength="255"/>
  <Property Name="modifiedAt" Type="Edm.DateTimeOffset"
    Precision="7"/>
  <Property Name="modifiedBy" Type="Edm.String"
    MaxLength="255"/>
  <Property Name="ID" Type="Edm.String" MaxLength="20"
    Nullable="false"/>
  <NavigationProperty Name="type"
    Type="DispositionService.VehicleTypes">
    <ReferentialConstraint Property="type_ID"
      ReferencedProperty="ID"/>
  </NavigationProperty>
  <Property Name="type_ID" Type="Edm.Guid"/>
</EntityType>
```

Listing 3.12: Auszug aus den Metadaten – Entität Vehicles

Die Navigationseigenschaft geben Sie im $expand-Parameter der Datenbindung an, um neben den Fahrzeugtypschlüssel auch die Fahrzeugtypnamen zu erhalten (siehe Listing 3.13).

```
<mvc:View xmlns:core="sap.ui.core" xmlns="sap.m"
  xmlns:mvc="sap.ui.core.mvc"
  xmlns:f="sap.ui.layout.form"
  xmlns:l="sap.ui.layout"
  xmlns:t="sap.ui.table"
  xmlns:smartTable="sap.ui.comp.smarttable"
  xmlns:html="http://www.w3.org/1999/xhtml"
  xmlns:app="http://schemas.sap.com/sapui5/
```

```
extension/sap.ui.core.CustomData/1"
controllerName="tour.Vehicles"
class="sapUiSizeCompact"
height="100%">

<f:SimpleForm id="simpleForm"
  maxContainerCols="2"
  title="Fahrzeug Erfassung">
  <f:content>
    <l:VerticalLayout>
      <Button text="Sichern" press="onSave"/>
      <Input editable="true"
        description="Kennzeichen" id="ID"/>
      <Title id="vehicleTypeTitle" text="Vehicle Type"/>
      <Select
        ariaLabelledBy="vehicleTypeTitle" id="type"
        items="{path: '/VehicleTypes'}">
        <core:Item key="{ID}" text="{text}" />
      </Select>
    </l:VerticalLayout>
  </f:content>
</f:SimpleForm>
<VBox fitContainer="true">
  <t:Table id="vehicles" rows="{
    path: '/Vehicles',
    parameters: {
      $expand: 'type'
    }}">
    <t:columns>
      <t:Column>
        <Label text="Fahrzeug-Kennzeichen"/>
        <t:template>
          <Text text="{ID}"/>
        </t:template>
      </t:Column>
     <t:Column>
        <Label text="Fahrzeugtyp"/>
        <t:template>
          <Text text="{type/text}"/>
```

```
          </t:template>
        </t:Column>
      </t:columns>
    </t:Table>
  </VBox>
</mvc:View>
```

Listing 3.13: Fahrzeugdatendialog in Datei »Vehicles.view.xml«

Das Controllerskript in Listing 3.14 übergibt die Werte aus dem Formular an den OData-Service. Dabei genügt die Angabe des Fahrzeugtypschlüssels in der `type_ID`-Eigenschaft. Die Angabe der Navigationseigenschaft ist nicht erforderlich.

```
sap.ui.define([
  "sap/ui/core/mvc/Controller",
  "./model"
], function(Controller, models) {
  "use strict";

  return Controller.extend("tour.Vehicles", {
    onInit: function onSave(){
      var model = models.createODataModel();
      this.getView().setModel(model);
    },
    onSave: function(){
      var model = this.getView().getModel();
      var context = model.bindList(
        "/Vehicles",
        undefined,
        undefined,
        undefined,
        { $$updateGroupId: "AddTemplate1" }
      ).create({
        ID: this.getView().byId('ID').getValue(),
        type_ID:
          this.getView().byId('type').getSelectedKey()
      });
      context.created()
        .then(() => {
```

```
          console.log('success');
          model.refresh();
        })
        .catch(error => {
          console.error('Failed to create entity of type
            Vehicles');
          console.error(error);
        });
      model.submitBatch("AddTemplate1");
    }
  });
});
```

Listing 3.14: Controllerskript in Datei »Vehicles.controller.js«

Der Vollständigkeit halber enthalten Listing 3.15, Listing 3.16, Listing 3.17, Listing 3.18 und Listing 3.19 noch die Initialisierungsskripte und die Navigationsseiten Ihrer UI5-Applikation.

```
sap.ui.define(["sap/ui/core/mvc/XMLView"], function (XMLView) {
  "use strict";
  XMLView.create({
    viewName: "tour.VehicleTypes"
  }).then(function (oView) {
    oView.placeAt("content");
  });
});
```

Listing 3.15: Initialisierungsskript »VehicleTypes.js«

```
<!DOCTYPE html>
<html>
  <head>
    <meta charset="utf-8">
    <meta name="viewport"
      content="width=device-width, initial-scale=1.0">
    <title>Sample UI5 Application</title>
    <script id="sap-ui-bootstrap"
      src="../resources/sap-ui-core.js"
```

```
      data-sap-ui-theme="sap_belize"
      data-sap-ui-libs="sap.ui.layout, sap.m"
      data-sap-ui-resourceroots='{"tour": "./"}'
      data-sap-ui-onInit="module:tour/VehicleTypes"
      data-sap-ui-compatVersion="edge"
      data-sap-ui-async="true"
      data-sap-ui-language="en">
    </script>
  </head>
  <body class="sapUiBody" id="content">
  </body>
</html>
```

Listing 3.16: Navigationsseite »VehicleTypes.html«

```
sap.ui.define(["sap/ui/core/mvc/XMLView"], function (XMLView) {
 "use strict";
 XMLView.create({
 viewName: "tour.Vehicles"
 }).then(function (oView) {
 oView.placeAt("content");
 });
});
```

Listing 3.17: Initialisierungsskript »Vehicles.js«

```
<!DOCTYPE html>
<html>
  <head>
    <meta charset="utf-8">
    <meta name="viewport"
      content="width=device-width, initial-scale=1.0">
    <title>Sample UI5 Application</title>
    <script id="sap-ui-bootstrap"
      src="../resources/sap-ui-core.js"
      data-sap-ui-theme="sap_belize"
      data-sap-ui-libs="sap.ui.layout, sap.m"
```

```
      data-sap-ui-resourceroots='{"tour": "./"}'
      data-sap-ui-onInit="module:tour/Vehicles"
      data-sap-ui-compatVersion="edge"
      data-sap-ui-async="true"
      data-sap-ui-language="en">
    </script>
  </head>
  <body class="sapUiBody" id="content">
  </body>
</html>
```

Listing 3.18: Navigationsseite »Vehicles.html«

```
<!DOCTYPE html>
<html>
  <head>
    <style>
      .center{
        text-align: center;
      }
    </style>
  </head>
  <body>
    <div class="center">
      <a href="VehicleTypes.html">Fahrzeugtypen</a>
    </div>
    <div class="center">
      <a href="Vehicles.html">Fahrzeuge</a>
    </div>
  </body>
</html>
```

Listing 3.19: Navigationsseite »index.html«

Damit ist die Applikation fertig zum Testen. Im Browser sollten Sie die Dialoge aus Abbildung 3.3 und Abbildung 3.4 sehen.

Abbildung 3.3: Dialog »Fahrzeugart Erfassung«

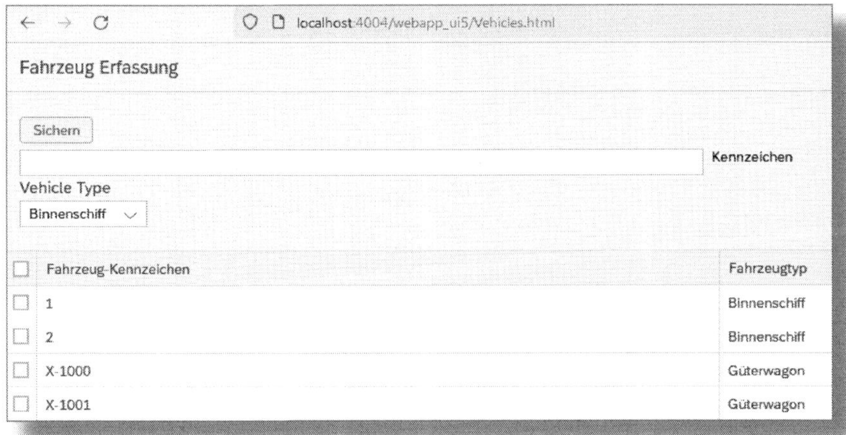

Abbildung 3.4: Dialog »Fahrzeug Erfassung«

3.4 CAP-CDS-Annotationen

Mit CAP-CDS-Annotationen erstellen Sie aus SAP-CAP-Datenmodellen mit *SAP Fiori Elements* UI5-Applikationen ohne die im vorherigen Abschnitt vorgestellten Controllerskripte und XML-Ansichtsdefinitionen. SAP Fiori Elements sind generische Frontends, die sich mit Annotationen gestalten lassen. Zu ihnen gehören u. a. Listenreports und Detailsichten *(Object Pages)*, die ich Ihnen in diesem Abschnitt vorstelle. Die Listenreports und Detailsichten können Sie mit oder ohne Editiermöglichkeiten implementieren. Den Aufbau der Listenreports und Detailsichten bestimmen Sie mit CAP-CDS-Annotationen.

CAP-CDS-Annotationen sind eine anwendungsspezifische Programmiersprache. Sie kennen Annotationen vielleicht schon von SAP RAP. Die Konzepte sind bei beiden Programmiermodellen identisch. Lediglich die Syntax unterscheidet sich ein wenig.

In SAP CAP wird eine Annotation immer mit dem Schlüsselwort `annotate` eingeleitet. Danach folgt die Entität, auf die sich die Annotation bezieht. Mittels `using`-Statements importieren Sie die Entitäten aus der Schemadefinition. Das `@`-Symbol markiert den Beginn eines in runden Klammern eingeschlossenen JavaScript-Objekts, das die Annotation genauer spezifiziert (siehe Listing 3.20).

```
using { sap.capire.tours as my } from '../db/schema';

annotate my.VehicleTypes with @(
  Common.SemanticKey : [ID],
  UI : {
    Identification : [{Value : text}],
    SelectionFields : [ID, text],
    LineItem : [
      {Value : ID},
      {Value: text}
    ]
  }
);
```

Listing 3.20: Aufbau Annotationen

Alternativ ist es auch möglich, nur eine einzelne Komponente anstatt eines Objekts anzugeben. Dann entfallen die runden Klammern (siehe Listing 3.21).

```
using { sap.capire.tours as my } from '../db/schema';

annotate my.VehicleTypes with @Common.SemanticKey: [ID];
```

Listing 3.21: Alternativer Aufbau Annotationen

Als Entwicklungsumgebungen stehen Ihnen die SAP Fiori Tools in VS-Code oder das SAP Business Application Studio zur Verfügung. Alternativ ist die Entwicklung auch in einem Quellcodeeditor möglich, der jedoch im Vergleich zu den SAP Fiori Tools bzw. dem SAP Business Application Studio weder grafische Modellierungsmöglichkeiten noch eine Autovervollständigung bietet.

3.4.1 Fahrzeugtypen

In diesem Abschnitt möchte ich Ihnen die Entwicklung einer Applikation zur Pflege der Fahrzeugtypendaten vorstellen. Die Entwicklung findet dabei vollständig im App-Ordner (siehe Abbildung 1.1) statt. Im **ersten Schritt** erstellen Sie die Ordner APPCONFIG und TYPES (siehe Abbildung 3.5).

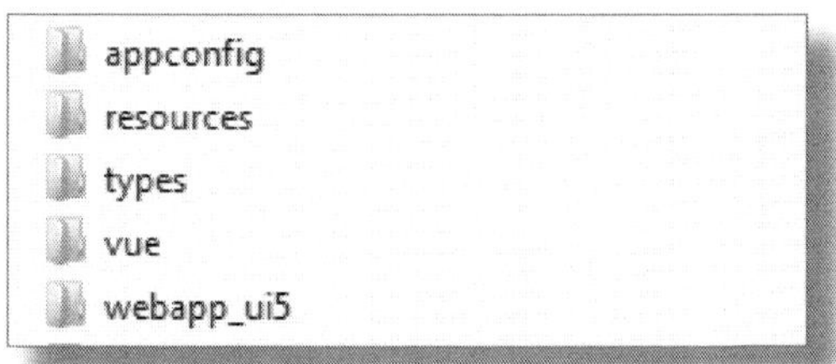

Abbildung 3.5: Ordnerstruktur im App-Verzeichnis

In den nächsten Schritten arbeiten Sie sowohl direkt im App-Verzeichnis als auch im APPCONFIG- bzw. TYPES-Ordner. Auf eine explizite Pfadangabe verzichte ich im Folgenden, wenn Sie direkt im App-Verzeichnis arbeiten.

Im **zweiten Schritt** erstellen Sie die SAP-Fiori-Launchpad-Konfiguration über den Pfad APP • APPCONFIG • FIORISANDBOXCONFIG.JSON (siehe Listing 3.22). Die Launchpad-Konfiguration ist losgelöst von der Entwicklungsumgebung und den CAP-CDS-Annotationen. Sie beschreibt im Wesentlichen das Layout und die Einstellungen des Launchpad.

```
{
  "services": {
    "LaunchPage": {
      "adapter": {
        "config": {
          "catalogs": [],
          "groups": [
            {
              "id": "Administration",
              "title": "Administration",
              "isPreset": true,
              "isVisible": true,
              "tiles": [
                {
                  "id": "BrowseVehicleTypes",
                  "tileType":
                  "sap.ushell.ui.tile.StaticTile",
                  "properties": {
                    "title": "Manage vehicle types",
                    "targetURL":
                    "#Action-browsevehicletypes"
                  }
                }
              ]
            }
          ]
        }
      }
    },
    "NavTargetResolution": {
      "config": {
        "enableClientSideResolution": true
      }
    },
    "ClientSideTargetResolution": {
      "adapter": {
        "config": {
          "inbounds": {
```

```
          "actionBrowseVehicleTypes": {
            "semanticObject": "Action",
            "action": "browsevehicletypes",
            "title": "Browse Vehicle Types",
            "signature": {
              "parameters": {},
              "additionalParameters": "allowed"
            },
            "resolutionResult": {
              "applicationType": "SAPUI5",
              "additionalInformation":
                "SAPUI5.Component=vehicleTypes",
              "url": "/types/webapp"
            }
          }
        }
      }
    }
  }
}
}
```

Listing 3.22: Fahrzeugtypen – SAP-Fiori-Launchpad-Konfiguration

Das `tiles`-Array im Pfad `services` • `LaunchPage` • `adapter` • `config` • `groups` beschreibt die Kacheln. Die Ziel-URL (`targetURL`) jeder Kachel setzt sich aus dem Rautensymbol (#), dem semantischen Objekt und dem Aktionsnamen im Pfad `ClientSideTargetResolution` • `adapter` • `config` • `inbounds` zusammen. Die Komponentennamen des `inbounds`-Objekts sind frei wählbar. Semantisches Objekt und Aktionsname sind durch Bindestrich getrennt. Bei Missachtung dieser Namenskonvention funktioniert die Navigation im Launchpad nicht, und Sie erhalten in der Browserkonsole die Fehlermeldung »Failed to resolve navigation target: ... This is most likely caused by an incorrect SAP Fiori launchpad content configuration or by missing role assignment. – Could not resolve navigation target sap.ushell.renderers.fiori2.Shell.controller«.

Listing 3.22 enthält eine Kachel mit dem Link zur URL `/types/webapp` (siehe Abbildung 3.6).

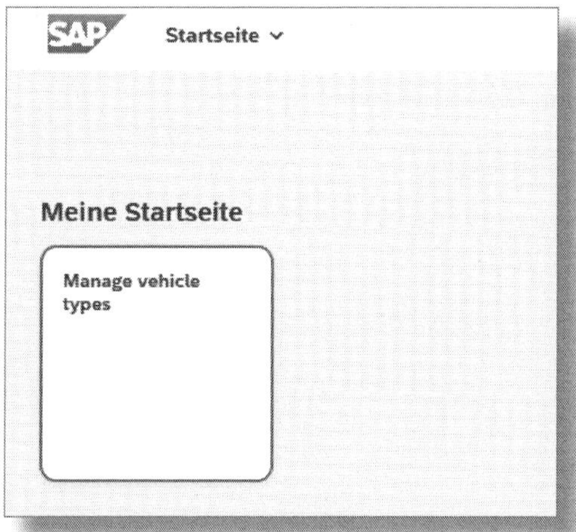

Abbildung 3.6: SAP Fiori Launchpad

Im **dritten Schritt** definieren Sie die Entitätsannotationen (siehe Listing 3.23) sowie die Serviceannotationen (siehe Listing 3.25).

```
using { sap.capire.tours as my } from '../db/schema';

annotate my.VehicleTypes with @(
  Common.SemanticKey : [ID],
  UI : {
    Identification : [{Value : text}],
    SelectionFields : [ID, text],
    LineItem : [
     {Value: ID},
     {Value: text}
    ]
  }
) {
  ID @Common: {
    SemanticObject : 'VehicleTypes',
    Text: text,
    TextArrangement: #TextOnly,
  };
};
```

Listing 3.23: Fahrzeugtypen – Entitätsannotationen in Datei »common.cds«

Das using-Statement referenziert auf die Schemadefinition aus Listing 3.1. So bedeutet annotate my.VehicleTypes, dass Annotationen für die Entität VehicleTypes folgen. Das ui-Objekt beschreibt

- eine eindeutige Identifizierung,
- die Selektionsfelder im Listenreport (siehe Abbildung 3.7) im SelectionFields-Array und
- den Aufbau der Zeilen in Abbildung 3.7 im LineItem-Array.

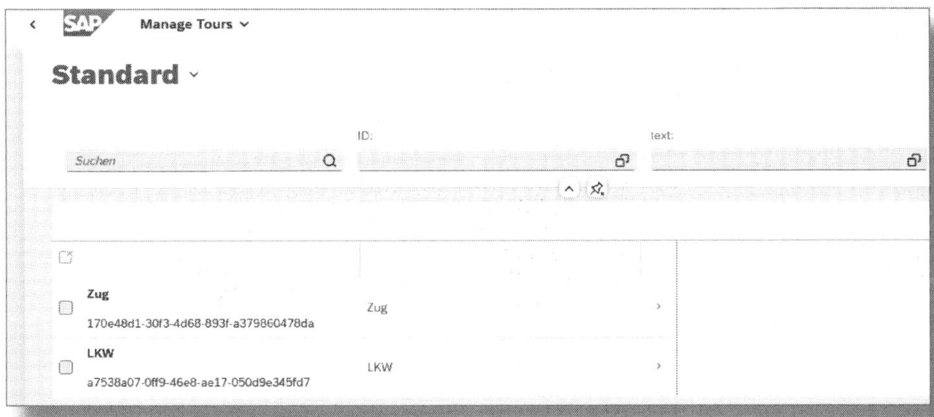

Abbildung 3.7: Liste der Fahrzeugtypen

Für SAP-CAP-Annotationen existieren entsprechende XML- bzw. CDS-View-Annotationen, die Sie in SAP-RAP-Anwendungen einsetzen. Listing 3.24 zeigt die Entsprechungen für die Annotationen aus Listing 3.23. Bestehende XML- bzw CDS-View-Annotationen, die für SAP-RAP-Applikationen konzipiert sind, können Sie einfach zu SAP-CAP-Annotationen oder umgekehrt von SAP-CAP-Annotationen nach XML- bzw. CDS-View-Annotationen migrieren.

```
<edmx:Edmx xmlns:edmx="http://docs.oasis-
  open.org/odata/ns/edmx" Version="4.0">
  <edmx:DataServices>
    <Schema xmlns="http://docs.oasis-open.org/odata/ns/edm">
      <Annotations Target="tour.VehicleTypes">
        <Annotation Term="Common.SemanticKey">
```

```
          <Collection>
            <PropertyPath>ID</PropertyPath>
          </Collection>
        </Annotation>
        <Annotation Term="UI.Identification">
          <Collection>
            <Record Type="UI.DataField">
              <PropertyValue Property="Value" Path="ID"/>
            </Record>
            <Record Type="UI.DataField">
              <PropertyValue Property="Value" Path="text"/>
            </Record>
          </Collection>
        </Annotation>
        <Annotation Term="UI.SelectionFields">
          <Collection>
            <PropertyPath>ID</PropertyPath>
            <PropertyPath>text</PropertyPath>
          </Collection>
        </Annotation>
        <Annotation Term="UI.LineItem">
          <Collection>
            <Record Type="UI.DataField">
              <PropertyValue Property="Value" Path="ID"/>
            </Record>
            <Record Type="UI.DataField">
              <PropertyValue Property="Value" Path="text"/>
            </Record>
          </Collection>
        </Annotation>
      </Annotations>
    </Schema>
  </edmx:DataServices>
</edmx:Edmx>
```

Listing 3.24: Fahrzeugtypen – entsprechende XML-Annotationen zur Verwendung in SAP RAP

In der UI5-Dokumentation und UI5-API-Referenz (https://sapui5.hana.ondemand.com/sdk/) finden Sie oft ein Beispiel für alle drei Annotationsarten (siehe Abbildung 3.8).

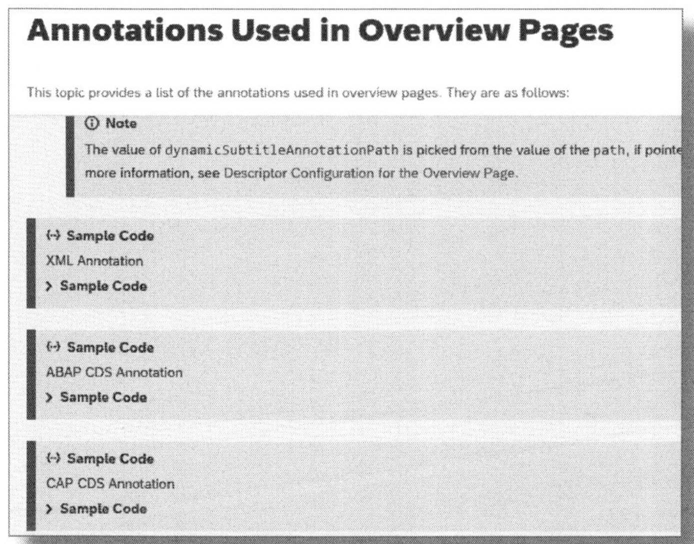

Abbildung 3.8: UI5-Dokumentation mit allen drei Annotationsarten

Die Serviceannotationen in Listing 3.25 sind für die Detailsicht (*Object Page*) zuständig (siehe Abbildung 3.9).

Das `Facets`-Objekt definiert dabei einzelne Feldgruppen und das `FieldGroup #Details`-Objekt die Felder, die Bestandteil der `Details`-Feldgruppe sind. `Value` enthält den Komponentennamen aus der Entität und `Label` die sprachabhängige Bezeichnung des Feldes.

```
using {DispositionService} from '../../srv/tour-service';

annotate DispositionService.VehicleTypes with @(UI: {
  Facets: [
    {
      $Type: 'UI.ReferenceFacet',
      Label: '{i18n>Details}',
      Target: '@UI.FieldGroup#Details'
```

```
      }
    ],
    FieldGroup #Details: {
      Data: [
        {
          Value: ID,
          Label: '{i18n>ID}'
        },
        {
          Value: text,
          Label: '{i18n>Text}'
        }
      ]
    }
});
```

Listing 3.25: Fahrzeugtypen – Serviceannotationen in Datei »fiori-service.cds« (Ordner »types«)

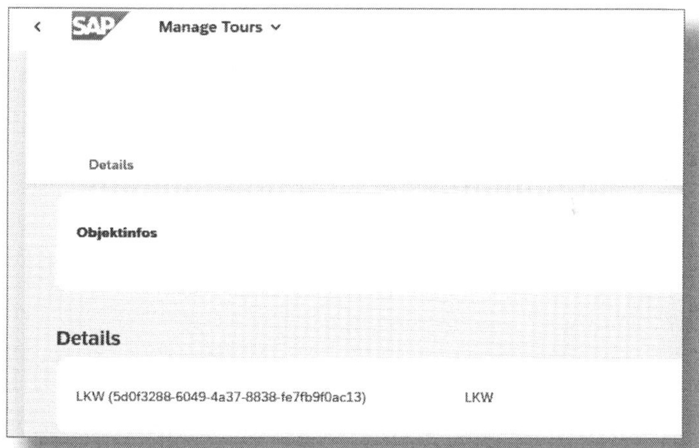

Abbildung 3.9: Detailsicht Fahrzeugtyp (Object Page)

Die Bezeichnungen pflegen Sie im Ordner »_i18n«. Jede Sprache bekommt eine Properties-Datei mit dem Namen »i18n_« und dem Sprachkürzel (de, en, fr, it usw.). Listing 3.26 zeigt die Texte für die deutsche Sprache.

```
ID=ID
Text=Text
Details=Details
```

Listing 3.26: Sprachtexte in Datei »i18n_de.properties«

In der Datei »services.cds« (siehe Listing 3.27) fügen Sie mit `using`-Statements Referenzen für alle Annotationsdateien ein. Wenn Sie eine Datei vergessen, ist der Listenreport nicht editierbar und die Detailsicht leer.

```
using from './types/fiori-service';
using from './common';
```

Listing 3.27: Fahrzeugtypen – Servicedefinitionen in Datei »services.cds«

Im **vierten Schritt** erstellen Sie im Ordner TYPES • WEBAPP das Komponentenskript (siehe Listing 3.28) und das Manifest (siehe Listing 3.29).

```
sap.ui.define(["sap/fe/core/AppComponent"], function
(UIComponent) {
  "use strict";
  return UIComponent.extend("vehicleTypes.Component", {
    metadata: { manifest: "json" },
  });
});
```

Listing 3.28: Fahrzeugtypen – Komponentenskript in Datei »Component.js«

Im Manifest

- geben Sie die SAP-Fiori-Elements-Vorlage an,
- binden Sie den OData-Service in die `dataSources`-Sektion ein und
- definieren Sie das Routing in der `routing`-Sektion.

```
{
  "_version": "0.0.0",
  "sap.app": {
    "id": "tour",
    "type": "application",
    "title": "Manage Tours",
    "description": "Sample Application",
    "i18n": "i18n/i18n.properties",
    "applicationVersion": {
      "version": "1.0.0"
    },
    "dataSources": {
      "DispositionService": {
        "uri": "/tour/",
        "type": "OData",
        "settings": {
          "odataVersion": "4.0"
        }
      }
    },
    "sourceTemplate": {
      "id": "ui5template.basicSAPUI5ApplicationProject",
      "-id": "ui5template.smartTemplate",
      "version": "1.40.12"
    },
    "crossNavigation": {
      "inbounds": {
        "intent1": {
          "semanticObject": "VehicleTypes",
          "action": "display",
          "title": "{{appTitle}}",
          "info": "{{appInfo}}",
          "subTitle": "{{appSubTitle}}",
          "icon": "sap-icon://SAP-icons-TNT/user",
          "indicatorDataSource": {
            "dataSource": "DispositionService",
            "path": "VehicleTypes/$count",
            "refresh": 1800
          }
        }
```

```
        }
      }
    },
    "sap.ui5": {
      "dependencies": {
        "minUI5Version": "1.81.0",
        "libs": {
          "sap.fe.templates": {}
        }
      },
      "models": {
        "i18n": {
          "type": "sap.ui.model.resource.ResourceModel",
          "uri": "i18n/i18n.properties"
        },
        "": {
          "dataSource": "DispositionService",
          "settings": {
            "synchronizationMode": "None",
            "operationMode": "Server",
            "autoExpandSelect": true,
            "earlyRequests": true,
            "groupProperties": {
              "default": {
                "submit": "Auto"
              }
            }
          }
        }
      },
      "routing": {
        "routes": [
          {
            "pattern": ":?query:",
            "name": "VehicleTypesList",
            "target": "VehicleTypesList"
          },
          {
            "pattern": "VehicleTypes({key}):?query:",
            "name": "VehicleTypeDetails",
```

```
          "target": "VehicleTypeDetails"
        }
      ],
      "targets": {
        "VehicleTypesList": {
          "type": "Component",
          "id": "VehicleTypesList",
          "name": "sap.fe.templates.ListReport",
          "options": {
            "settings": {
              "entitySet": "VehicleTypes",
              "initialLoad": true,
              "navigation": {
                "VehicleTypes": {
                  "detail": {
                    "route": "VehicleTypeDetails"
                  }
                }
              }
            }
          }
        },
        "VehicleTypeDetails": {
          "type": "Component",
          "id": "VehicleTypeDetailsList",
          "name": "sap.fe.templates.ObjectPage",
          "options": {
            "settings": {
              "entitySet": "VehicleTypes"
            }
          }
        }
      }
    },
    "contentDensities": {
      "compact": true,
      "cozy": true
    }
  },
  "sap.ui": {
```

```
      "technology": "UI5",
      "fullWidth": false,
      "deviceTypes":{
      "desktop": true,
      "tablet": true,
      "phone": true
    }
  },
    "sap.fiori": {
      "registrationIds": [],
      "archeType": "transactional"
    }
  }
```

Listing 3.29: Fahrzeugtypen – Manifest

Die SAP-Fiori-Elements-Vorlage geben Sie im `name`-Parameter in den Objekten der Routingziele an (Pfad `routing` • `targets`). Mögliche Werte sind Tabelle 3.3 dargestellt.

Vorlage	Art
sap.fe.templates.ListReport	Listenreport
sap.fe.templates.ObjectPage	Detailsicht

Tabelle 3.3: SAP Fiori Elements – Vorlagen

Das *Routing* legt die Ansichten sowie die Navigation zwischen diesen Ansichten fest. Beim Aufruf der Applikation erscheint zuerst die Übersichtsliste (siehe Abbildung 3.7). Wenn Sie auf ein Element der Übersichtsliste klicken, gelangen Sie in die Detailsicht (siehe Abbildung 3.9). Die Navigation zwischen Übersichtsliste und Detailsicht erfolgt im Pfad `routing` • `targets` • `VehicleTypesList` • `options` • `settings` • `navigation`. Das `navigation`-Objekt muss dabei eine Komponente mit dem Entitätsnamen besitzen, damit die Navigation funktioniert.

Im **letzten Schritt** erstellen Sie den Einstiegspunkt für den Browser (siehe Listing 3.30). Dieser dient zum Laden des SAP Fiori Launchpad und ist für alle SAP-Fiori-Elements-Applikationen identisch.

```
<!DOCTYPE html>
<html>
  <head>
    <meta http-equiv="X-UA-Compatible" content="IE=edge" />
    <meta http-equiv="Content-Type"
      content="text/html;charset=UTF-8" />
    <meta name="viewport" content="width=device-width,
      initial-scale=1.0" />
    <title>Touren</title>
    <script>
      window["sap-ushell-config"] = {
        defaultRenderer: "fiori2",
        applications: {}
      };
    </script>
    <script id="sap-ushell-bootstrap"
      src="https://sapui5.hana.ondemand.com/test-
      resources/sap/ushell/bootstrap/sandbox.js"></script>
    <script id="sap-ui-bootstrap"
      src="resources/sap-ui-core.js"
      data-sap-ui-libs="sap.m, sap.ushell,
        sap.collaboration, sap.ui.layout"
      data-sap-ui-compatVersion="edge"
      data-sap-ui-theme="sap_horizon"
      data-sap-ui-frameOptions="allow"
    >
    </script>
    <script>
      sap.ui.getCore().attachInit(()=> sap.ushell.Container.
createRenderer().placeAt("content"))
    </script>
  </head>
  <body class="sapUiBody" id="content"></body>
</html>
```

Listing 3.30: Einstiegspunkt in Datei »fiori-apps.html«

Editierbarer Listenreport

Wenn Sie in Listing 3.25 `annotate DispositionService.VehicleTypes with @odata.draft.enabled;` einfügen, ist der Listenreport editierbar (siehe Listing 3.31).

```
using {DispositionService} from '../../srv/tour-service';

annotate DispositionService.VehicleTypes with @odata.draft.enabled;

annotate DispositionService.VehicleTypes with @(UI: {
  Facets: [
    {
      $Type: 'UI.ReferenceFacet',
      Label: '{i18n>Details}',
      Target: '@UI.FieldGroup#Details'
    }
  ],
  FieldGroup #Details: {
    Data: [
      {
        Value: ID,
        Label: '{i18n>ID}'
      },
      {
        Value: text,
        Label: '{i18n>Text}'
      }
    ]
  }
});
```

Listing 3.31: Fahrzeugtypen, Serviceannotationen – editierbarer Listenreport

Mit aktiver Editierbarkeit können Sie neue Fahrzeugtypen erstellen und bestehende ändern (siehe Abbildung 3.10 und Abbildung 3.11).

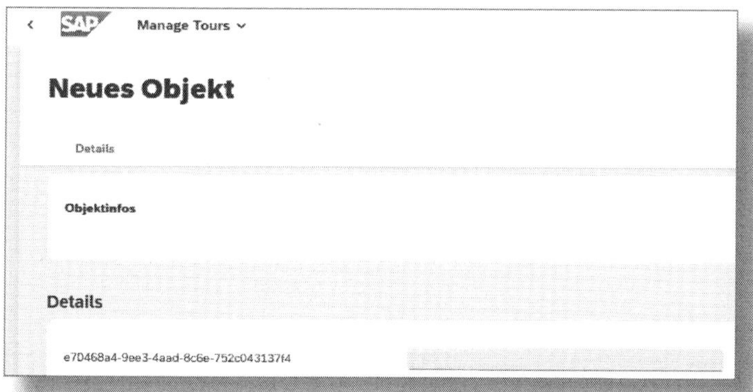

Abbildung 3.10: Fahrzeugtyp erstellen

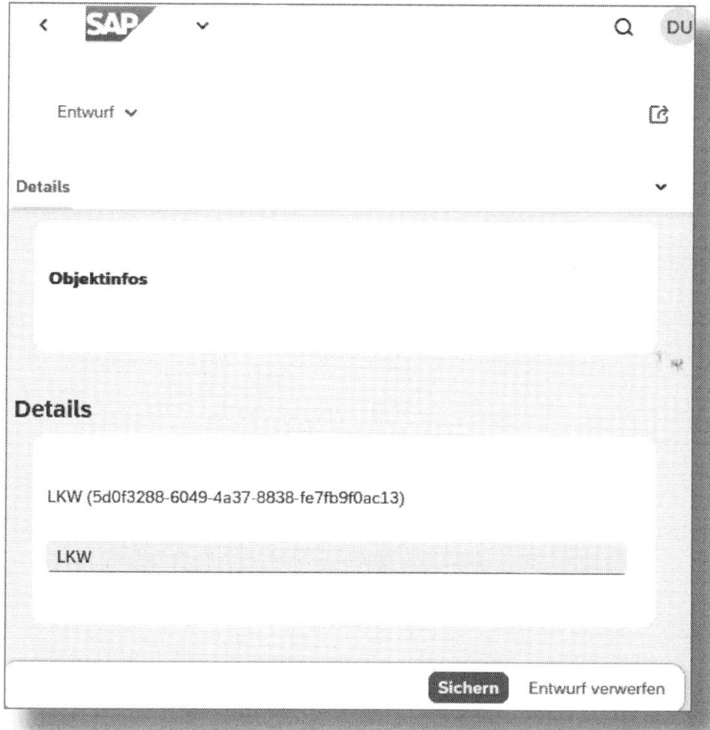

Abbildung 3.11: Fahrzeugtyp ändern

Erneutes Deployment bei persistenten SQLite-Datenbanken

Wenn Sie die Editierbarkeit nachträglich einfügen, ist ein erneutes Deployment mit dem Befehl `npx cds deploy` erforderlich. In der Datenbank legt SAP CAP Entwurfstabellen für editierbare Listenreports an. Ohne das Deployment fehlen diese Entwurfstabellen.

Da in Listing 3.31 Entwürfe mit der Annotation `@odata.draft.enabled` aktiviert wurden, sind Aktionen in Listing 3.2 notwendig. HTTP-POST-Requests zur Erstellung von Fahrzeugtypen (wie in Listing 3.32) speichern die Fahrzeugtypen nur als Entwürfe, nicht als aktive Entitäten. Nur wenn Entwürfe nicht aktiv sind, können Sie – ohne eine Aktion zu definieren – aktive Entitäten mit einem HTTP-POST-Request erstellen.

```
const response = await fetch(
  '/tour/VehicleTypes', {
  method: 'POST',
  headers: {
    'Content-Type': 'application/json'
  },
  body: JSON.stringify({"text":"Zug"})
});
```

Listing 3.32: HTTP-POST-Request zur Erstellung von Fahrzeugtypen

3.4.2 Fahrzeuge

Die Applikation zur Pflege der Fahrzeugdaten hat große Ähnlichkeit mit der vorherigen. Als Erstes erweitern Sie die Launchpad-Konfiguration im Pfad APPCONFIG • FIORISANDBOXCONFIG.JSON (siehe Listing 3.33) um eine zweite Kachel, damit Sie die Fahrzeugdaten pflegen können.

```
{
  "services": {
    "LaunchPage": {
      "adapter": {
```

```
      "config": {
        "catalogs": [],
        "groups": [
          {
            "id": "Administration",
            "title": "Administration",
            "isPreset": true,
            "isVisible": true,
            "tiles": [
              {
                "id": "BrowseVehicleTypes",
                "tileType":
                "sap.ushell.ui.tile.StaticTile",
                "properties": {
                  "title": "Manage vehicle types",
                  "targetURL":
                  "#Action-browsevehicletypes"
                }
              },
              {
                "id": "BrowseVehicles",
                "tileType":
                "sap.ushell.ui.tile.StaticTile",
                "properties": {
                  "title": "Manage vehicles",
                  "targetURL": "#Action-browsevehicles"
                }
              }
            ]
          }
        ]
      }
    }
  },
  "NavTargetResolution": {
    "config": {
      "enableClientSideResolution": true
    }
  },
  "ClientSideTargetResolution": {
```

```
      "adapter": {
        "config": {
          "inbounds": {
            "actionBrowseVehicleTypes": {
              "semanticObject": "Action",
              "action": "browsevehicletypes",
              "title": "Browse Vehicle Types",
              "signature": {
                "parameters": {},
                "additionalParameters": "allowed"
              },
              "resolutionResult": {
                "applicationType": "SAPUI5",
                "additionalInformation":
                "SAPUI5.Component=vehicleTypes",
                "url": "/types/webapp"
              }
            },
            "actionBrowseVehicles": {
              "semanticObject": "Action",
              "action": "browsevehicles",
              "title": "Browse Vehicles",
              "signature": {
                "parameters": {},
                "additionalParameters": "allowed"
              },
              "resolutionResult": {
                "applicationType": "SAPUI5",
                "additionalInformation":
                "SAPUI5.Component=vehicles",
                "url": "/vehicles/webapp"
              }
            }
          }
        }
      }
    }
  }
}
```

Listing 3.33: Fahrzeuge – SAP-Fiori-Launchpad-Konfiguration

Im zweiten Schritt erweitern Sie die Entitätsannotationen (siehe Listing 3.34).

```
using { sap.capire.tours as my } from '../db/schema';

annotate my.VehicleTypes with @(
  Common.SemanticKey : [ID],
  UI : {
    Identification : [{Value : text}],
    SelectionFields : [ID, text],
    LineItem : [
      {Value : ID},
      {Value: text}
    ]
  }
) {
  ID @Common: {
    SemanticObject : 'VehicleTypes',
    Text: text,
    TextArrangement: #TextOnly,
  };
};

annotate my.Vehicles with @(
  Common.SemanticKey : [ID],
  UI : {
    Identification : [{Value : ID}],
    SelectionFields : [ID, type_ID],
    LineItem : [
      {Value : ID},
      {Value: type.text}
    ]
  }
) {
  ID @Common: {
    SemanticObject : 'Vehicles',
    Text: ID,
    TextArrangement: #TextOnly,
  };
  type @ValueList.entity: 'VehicleTypes';
};
```

```
annotate my.Vehicles with {
  type @title: '{i18n>VehicleType}' @Common: {
    Text: type.text,
    TextArrangement: #TextOnly
  }
}
```

Listing 3.34: Fahrzeuge – CAP-CDS-Annotationen in Datei »common.cds«

Eine Besonderheit stellen die Selektionsfelder der `Vehicle`-Entität im Objekt `SelectionFields` dar. Statt des Komponentennamens `type` wie in der Schemadefinition (siehe Listing 3.1) müssen Sie `type_ID` verwenden. SAP CAP ändert den Komponentennamen in den OData-Service-Metadaten zu `type_ID` ab, da die Komponente mit der `VehicleTypes`-Entität assoziiert ist; in den Selektionsfeldern finden die Komponentennamen aus den OData-Service-Metadaten Anwendung.

Der Fahrzeugtyp soll mit einer Eingabehilfe versehen sein. Dafür enthält Listing 3.34 die Annotation `type @ValueList.entity: 'VehicleTypes';`. Das `Identification`-Objekt in der `VehicleTypes`-Annotation beschreibt die Komponenten, die neben der ID in der Eingabehilfe dargestellt werden (siehe Abbildung 3.12).

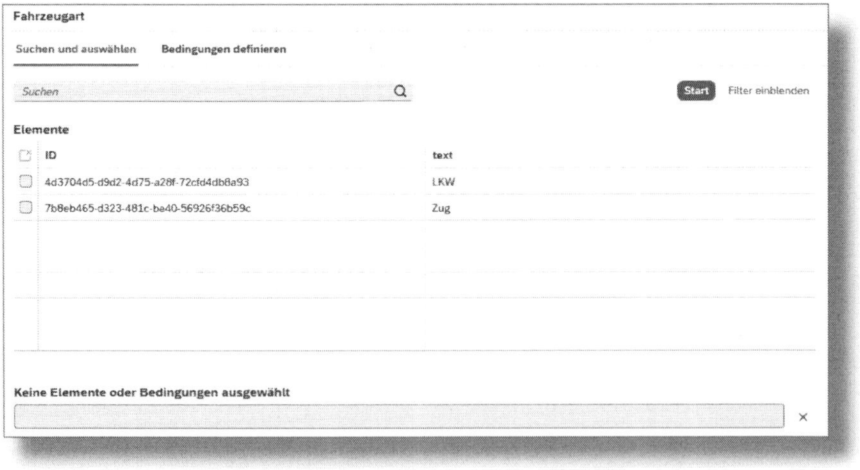

Abbildung 3.12: Eingabehilfe Fahrzeugart

Die letzte Annotation `annotate my.Vehicles with { type @title: '{i18n>VehicleType}' @Common: {Text: type.text, TextArrangement: #TextOnly}` lässt in der Fahrzeugdetailsicht (siehe Abbildung 3.13) anstatt der Fahrzeugtyp-ID die Fahrzeugtypbeschreibung erscheinen.

Die Serviceannotation in Listing 3.35 beschreibt den Aufbau der Detailsicht.

```
using {DispositionService} from '../../srv/tour-service';

annotate DispositionService.Vehicles with @(UI: {
  Facets: [
    {
      $Type: 'UI.ReferenceFacet',
      Label: '{i18n>Details}',
      Target: '@UI.FieldGroup#Details'
    }
  ],
  FieldGroup #Details: {
    Data: [
      {Value: ID},
      {Value: type_ID}
    ]
  }
});
```

Listing 3.35: Fahrzeuge – Serviceannotation in Datei »fiori-service.cds« (Ordner »vehicles«)

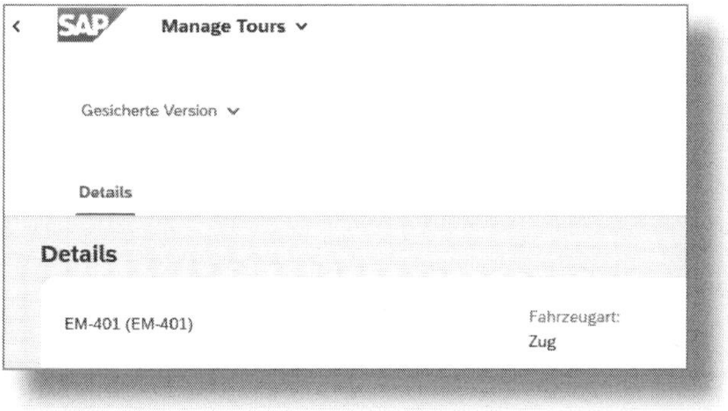

Abbildung 3.13: Fahrzeugdetailsicht

Editierbarkeit

In Listing 3.35 fügen Sie zwecks Editierbarkeit wieder `annotate DispositionService.VehicleTypes with @odata.draft.enabled;` ein (siehe Listing 3.36).

```
using {DispositionService} from '../../srv/tour-service';

annotate DispositionService.Vehicles with @odata.draft.enabled;

annotate DispositionService.Vehicles with @(UI: {
  Facets: [
    {
      $Type: 'UI.ReferenceFacet',
      Label: '{i18n>Details}',
      Target: '@UI.FieldGroup#Details'
    }
  ],
  FieldGroup #Details: {
    Data: [
      {Value: ID},
      {Value: type_ID}
    ]
  }
});
```

Listing 3.36: Fahrzeuge, Serviceannotationen – editierbare Fahrzeugdaten

Die eindeutige Fahrzeug-ID vergeben Sie beim Erstellen des Fahrzeugs (siehe Abbildung 3.14). Zu beachten ist hierbei, dass SAP CAP bestehende Fahrzeuge mit gleicher ID überschreibt. Wenn Sie zweimal ein Fahrzeug mit der ID *LKW-300-40T* anlegen, erhalten Sie beim zweiten Mal keine Fehlermeldung: Das bestehende Fahrzeug mit der ID *LKW-300-40T* wird überschrieben.

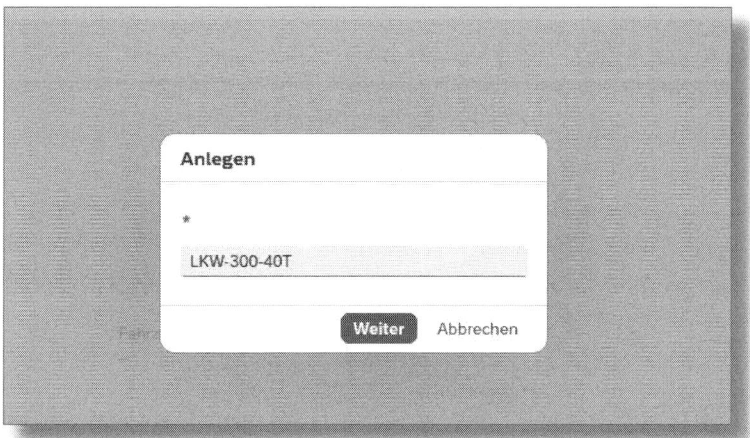

Abbildung 3.14: Pop-up zur Fahrzeugschlüsseleingabe

3.4.3 Tourenübersicht

Beim Erstellen der Tourenübersicht gilt es im ersten Schritt die Tourenerfassung zur Launchpad-Konfiguration hinzuzufügen. In Listing 3.37 wurde dazu – wie im vorherigen Abschnitt – eine neue Kachel ergänzt.

```
{
  "services": {
    "LaunchPage": {
      "adapter": {
        "config": {
          "catalogs": [],
          "groups": [
            {
              "id": "Administration",
              "title": "Administration",
              "isPreset": true,
              "isVisible": true,
              "tiles": [
                {
                  "id": "BrowseVehicleTypes",
                  "tileType":
```

```
                "sap.ushell.ui.tile.StaticTile",
                "properties": {
                  "title": "Manage vehicle types",
                  "targetURL":
                  "#Actionbrowsevehicletypes"
                }
              },
              {
                "id": "BrowseVehicles",
                "tileType":
                "sap.ushell.ui.tile.StaticTile",
                "properties": {
                  "title": "Manage vehicles",
                  "targetURL": "#Action-browsevehicles"
                }
              },
              {
                "id": "BrowseTours",
                "tileType":
                "sap.ushell.ui.tile.StaticTile",
                "properties": {
                  "title": "Manage tours",
                  "targetURL": "#Action-browsetours"
                }
              }
            ]
          }
        ]
      }
    }
  },
  "NavTargetResolution": {
    "config": {
      "enableClientSideResolution": true
    }
  },
  "ClientSideTargetResolution": {
    "adapter": {
      "config": {
        "inbounds": {
```

```
"actionBrowseVehicleTypes": {
  "semanticObject": "Action",
  "action": "browsevehicletypes",
  "title": "Browse Vehicle Types",
  "signature": {
    "parameters": {},
    "additionalParameters": "allowed"
  },
  "resolutionResult": {
    "applicationType": "SAPUI5",
    "additionalInformation":
    "SAPUI5.Component=vehicleTypes",
    "url": "/types/webapp"
  }
},
"actionBrowseVehicles": {
  "semanticObject": "Action",
  "action": "browsevehicles",
  "title": "Browse Vehicles",
  "signature": {
    "parameters": {},
    "additionalParameters": "allowed"
  },
  "resolutionResult": {
    "applicationType": "SAPUI5",
    "additionalInformation":
    "SAPUI5.Component=vehicles",
    "url": "/vehicles/webapp"
  }
},
"actionBrowseTours": {
  "semanticObject": "Action",
  "action": "browsetours",
  "title": "Browse tours",
  "signature": {
    "parameters": {},
    "additionalParameters": "allowed"
  },
  "resolutionResult": {
    "applicationType": "SAPUI5",
```

```
                    "additionalInformation":
                    "SAPUI5.Component=tour",
                    "url": "/tours/webapp"
                  }
                }
              }
            }
          }
        }
      }
    }
  }
}
```

Listing 3.37: Tourenerfassung – SAP-Fiori-Launchpad-Konfiguration

Die Detailsicht besteht aus mehreren Feldgruppen. Jeweils eine Feldgruppe benötigen Sie für

- das Fahrzeug, Start und Ende,
- die Startadresse,
- die Zieladresse
- und die transportierten Güter.

Listing 3.38 enthält die Annotationen für diese Feldgruppen.

```
annotate DispositionService.PlannedTours with @(UI: {
  Facets: [
    {
      $Type: 'UI.ReferenceFacet',
      Label: '{i18n>Details}',
      Target: '@UI.FieldGroup#Details'
    },
    {
      $Type: 'UI.ReferenceFacet',
      Label: '{i18n>StartAddress}',
      Target: '@UI.FieldGroup#StartAddress'
    },
    {
```

```
      $Type: 'UI.ReferenceFacet',
      Label: '{i18n>EndAddress}',
      Target: '@UI.FieldGroup#EndAddress'
    },
    {
      $Type: 'UI.ReferenceFacet',
      Label: '{i18n>TransportedGoods}',
      Target: 'transportedGoods/@UI.LineItem'
    }
  ],
});
```

Listing 3.38: Tourenerfassung – Annotationen mit Feldgruppen

Eine Besonderheit stellt die Feldgruppe der transportierten Güter dar. Diese verweist nicht auf ein `@UI.FieldGroup`-Objekt, sondern auf ein `@UI.LineItem`-Objekt. Letzteres ist als separate Annotation für die Entität `TransportedGoods` in Listing 3.39 definiert. Daraus generiert SAP CAP eine Tabelle mit den transportierten Gütern (siehe Abbildung 3.16).

```
annotate DispositionService.TransportedGoods with @(
  UI: {
    LineItem: [
      {
        Value: material,
        Label: '{i18n>Material}'
      },
      {
        Value: quantity,
        Label: '{i18n>Quantity}'
      },
      {
        Value: unitOfMeasure,
        Label: '{i18n>UnitOfMeasure}'
      }
    ],
    Identification: [
      {Value: material},
```

```
      {Value: quantity},
      {Value: unitOfMeasure}
    ],
    Facets: [
      {
        $Type: 'UI.ReferenceFacet',
        Label: '{i18n>TransportedGoods}',
        Target: '@UI.Identification'
      }
    ]
  }
) {};
```

Listing 3.39: Tourenerfassung – Annotationen für transportierte Güter

Die restlichen Feldgruppen sind in Listing 3.40 definiert. Die Adresse ist als Struktur angelegt, deren Komponenten SAP CAP in den OData-Services als elementare Datentypen darstellt. Die Struktur wird zum einen in elementare Komponenten mit demjenigen Komponentennamen aufgelöst, der in der Entität `PlannedTours` verwendet wurde, um auf die Struktur zu referenzieren, sowie zum anderen in den Strukturkomponentennamen. Vergleichbar ist dies mit Includes in ABAP-Dictionary-Strukturen. Die Adresszeile der Startadresse (siehe Listing 3.1) löst SAP CAP beispielsweise zu `startAddress_addressLine` auf. In den Feldgruppen finden die aufgelösten Komponentennamen Anwendung.

```
FieldGroup #Details: {
  Data: [
    {
      Value: vehicle_ID,
      Label: '{i18n>Vehicle_ID}'
    },
    {
      Value: startDate,
      Label: '{i18n>StartDate}'
    },
    {
      Value: endDate,
      Label: '{i18n>EndDate}'
```

```
      }
    ]
  },
  FieldGroup #StartAddress: {
    Data: [
      {
        Value: startAddress_addressLine,
        Label: '{i18n>AddressLine}'
      },
      {
        Value: startAddress_street,
        Label: '{i18n>Street}'
      },
      {
        Value: startAddress_streetNumber,
        Label: '{i18n>StreetNumber}'
      },
      {
        Value: startAddress_city,
        Label: '{i18n>City}'
      },
      {
        Value: startAddress_zip,
        Label: '{i18n>Zip}'
      },
      {
        Value: startAddress_country,
        Label: '{i18n>Country}'
      }
    ]
  },
  FieldGroup #EndAddress: {
    Data: [
      {
        Value: targetAddress_addressLine,
        Label: '{i18n>AddressLine}'
      },
      {
        Value: targetAddress_street,
        Label: '{i18n>Street}'
```

```
    },
    {
      Value: targetAddress_streetNumber,
      Label: '{i18n>StreetNumber}'
    },
    {
      Value: targetAddress_city,
      Label: '{i18n>City}'
    },
    {
      Value: targetAddress_zip,
      Label: '{i18n>Zip}'
    },
    {
      Value: targetAddress_country,
      Label: '{i18n>Country}'
    }
  ]
}
```

Listing 3.40: Tourenerfassung – Feldgruppendefinition

Abbildung 3.15 und Abbildung 3.16 zeigen Detailsichten. Die obere Navigationszeile erlaubt einen Wechsel zwischen den einzelnen Feldgruppen.

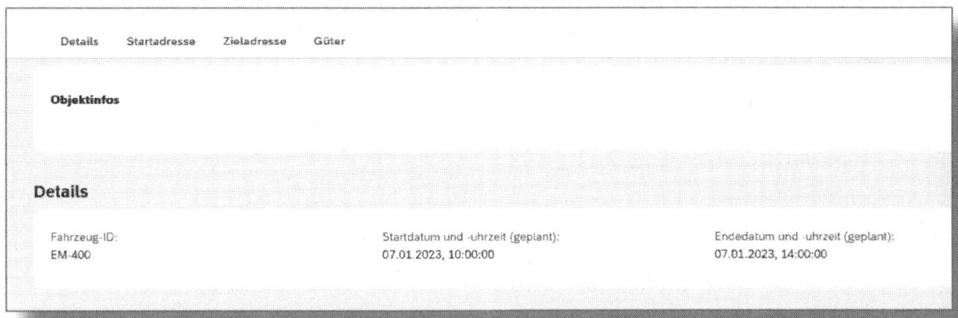

Abbildung 3.15: Tourenerfassung – Detailsicht der Feldgruppe »Details«

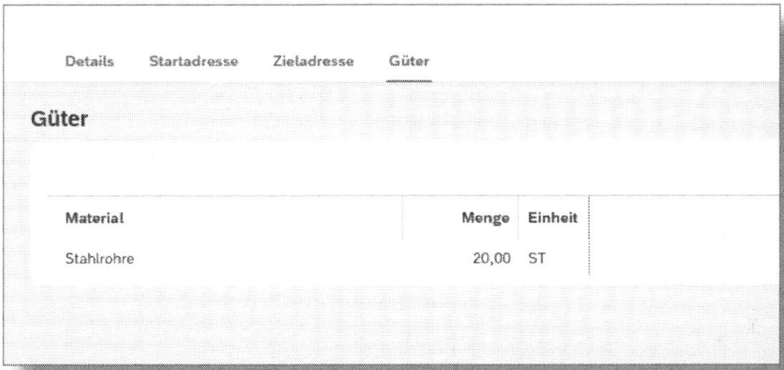

Details Startadresse Zieladresse Güter

Güter

Material	Menge	Einheit
Stahlrohre	20,00	ST

Abbildung 3.16: Tourenerfassung – Detailsicht der Tabelle mit den transportierten Gütern

! Kompositionen

Verwenden Sie bei Kompositionen, die zum Aufbau von Detailsichten wie Abbildung 3.16 dienen, `Composition of many`. Andernfalls speichert SAP Fiori die Entitäten nicht korrekt. Eine Komposition wie in Listing 3.41 stellt zwar die Tabelle der transportierten Güter in der Detailsicht dar, jedoch speichert SAP Fiori keine transportierten Güter.

```
entity PlannedTours @(restrict: [
  { grant: 'READ', to: 'Dispatcher' },
  { grant: 'READ', to: 'Driver', where: 'driver = $user' },
  { grant: 'WRITE', to: 'Dispatcher' }
]) : managed {
  key ID : UUID;
  @mandatory
  vehicle: Association to Vehicles;
  @mandatory
  startDate: DateTime;
  @mandatory
  startAddress: Address;
  @mandatory
  endDate: DateTime;
  @mandatory
```

```
  targetAddress: Address;
  transportedGoods: Composition of TransportedGoods on
    transportedGoods.tour = $self;
  driver: User;
}
```

Listing 3.41: Problematische Definition Komposition

3.4.4 Tourenrückmeldung

Die Tourenrückmeldung soll im ersten Dialog nicht oder nicht vollständig rückgemeldete Touren anzeigen. Dazu dient der Rückmeldeservice in Listing 3.3.

Im Pfad APP • TOUR-CONFIRMATIONS befinden sich die Annotationen für die `PendingTours`-Entität (siehe Listing 3.42). Die Rückmeldungen benötigen wie die transportierten Güter eine separate Annotation. Die Rückmeldefeldgruppe verweist dabei auf das `@UI.LineItem`-Objekt der `TourConfirmations`-Annotation.

```
using {ConfirmationService} from '../../srv/tour-confirmation';

annotate ConfirmationService.PendingTours with @odata.draft.
enabled;

annotate ConfirmationService.PendingTours with @(UI: {
  Facets: [
    {
      $Type: 'UI.ReferenceFacet',
      Label: '{i18n>Details}',
      Target: '@UI.FieldGroup#Details'
    },
    {
      $Type: 'UI.ReferenceFacet',
      Label: '{i18n>StartAddress}',
      Target: '@UI.FieldGroup#StartAddress'
    },
    {
      $Type: 'UI.ReferenceFacet',
```

```
      Label: '{i18n>EndAddress}',
      Target: '@UI.FieldGroup#EndAddress'
    },
    {
      $Type: 'UI.ReferenceFacet',
      Label: '{i18n>Confirmation}',
      Target: 'confirmation/@UI.LineItem'
    },
    {
      $Type: 'UI.ReferenceFacet',
      Label: '{i18n>TransportedGoods}',
      Target: 'transportedGoods/@UI.LineItem'
    }
  ],
  FieldGroup #Details: {
    Data: [
      {
        Value: vehicle_ID,
        Label: '{i18n>Vehicle_ID}'
      },
      {
        Value: startDate,
        Label: '{i18n>StartDate}'
      },
      {
        Value: endDate,
        Label: '{i18n>EndDate}'
      }
    ]
  },
  FieldGroup #StartAddress: {
    Data: [
      {
        Value: startAddress_addressLine,
        Label: '{i18n>AddressLine}'
      },
      {
        Value: startAddress_street,
        Label: '{i18n>Street}'
      },
```

```
      {
        Value: startAddress_streetNumber,
        Label: '{i18n>StreetNumber}'
      },
      {
        Value: startAddress_city,
        Label: '{i18n>City}'
      },
      {
        Value: startAddress_zip,
        Label: '{i18n>Zip}'
      },
      {
        Value: startAddress_country_code,
        Label: '{i18n>Country}'
      }
    ]
  },
  FieldGroup #EndAddress: {
    Data: [
      {
        Value: targetAddress_addressLine,
        Label: '{i18n>AddressLine}'
      },
      {
        Value: targetAddress_street,
        Label: '{i18n>Street}'
      },
      {
        Value: targetAddress_streetNumber,
        Label: '{i18n>StreetNumber}'
      },
      {
        Value: targetAddress_city,
        Label: '{i18n>City}'
      },
      {
        Value: targetAddress_zip,
        Label: '{i18n>Zip}'
      },
```

```
        {
          Value: targetAddress_country_code,
          Label: '{i18n>Country}'
        }
      ]
    }
}) {

};

annotate ConfirmationService.TransportedGoods with @(
  UI: {
    LineItem: [
      {
        Value: material,
        Label: '{i18n>Material}'
      },
      {
        Value: quantity,
        Label: '{i18n>Quantity}'
      },
      {
        Value: unitOfMeasure,
        Label: '{i18n>UnitOfMeasure}'
      }
    ],
    Identification: [
      {Value: material},
      {Value: quantity},
      {Value: unitOfMeasure}
    ],
    Facets: [
      {
        $Type: 'UI.ReferenceFacet',
        Label: '{i18n>TransportedGoods}',
        Target: '@UI.Identification'
      }
    ]
  }
) {
```

```
};

annotate ConfirmationService.TourConfirmations with @(
  UI: {
    LineItem: [
      {
        Value: startDate,
        Label: '{i18n>StartDateActual}'
      },
      {
        Value: kmStart,
        Label: '{i18n>KmStart}'
      },
      {
        Value: endDate,
        Label: '{i18n>EndDateActual}'
      },
      {
        Value: kmEnd,
        Label: '{i18n>KmEnd}'
      }
    ],
    Identification: [
      {Value: startDate},
      {Value: endDate}
    ],
    Facets: [
      {
        $Type: 'UI.ReferenceFacet',
        Label: '{i18n>Confirmation}',
        Target: '@UI.Identification'
      }
    ]
  }
) {

};
```

Listing 3.42: Tourenrückmeldung – Serviceannotationen in Datei »fiori-service.cds« (Ordner »tour-confirmation«)

In der Detailsicht ist es nicht möglich, die Editierbarkeit der Felder einzeln zu steuern. Es sind entweder alle Felder oder kein Feld editierbar. Wenn Sie sich als Fahrer anmelden und versuchen, in der Detailsicht eine Rückmeldung zu erfassen, scheitern Sie an Ihrer fehlenden Berechtigung (siehe Abbildung 3.17), da Sie nur lesend auf die geplanten Touren zugreifen können.

Abbildung 3.17: Forbidden-Fehler bei Rückmeldung von Touren

3.5 Vue.js-Clientapplikation

Im Anschluss an das in Abschnitt 2.7 gewonnene Basiswissen über Vue.js will ich Ihnen die Entwicklung einer Clientapplikation zeigen, mit der Sie wie im vorherigen Abschnitt Fahrzeugtypen, Fahrzeuge und Touren verwalten. Die Vue.js-Clientapplikation verzichtet dabei auf Detailsichten. Stattdessen lassen sich Entitäten direkt im Listenreport erstellen und ändern.

Das Projektverzeichnis erweitern Sie als Erstes um zwei Unterverzeichnisse: »vue_public« und »vue_src«. Die Unterverzeichnisse enthalten die folgenden Dateien und Ordner:

- Unterverzeichnis »vue_src«
    - Ordner »components«
    - Applikationsskript »App.vue«
    - Hauptskript »main.js« (siehe Listing 3.50)
- Unterverzeichnis »vue_public«:
    - Einstiegspunkt »index.html« (siehe Listing 2.44)

Im Ordner »components« gibt es

- Komponenten für die Verwaltung der Fahrzeugtypen (siehe Listing 3.43 und Listing 3.44)
- Komponenten für die Verwaltung der Fahrzeuge (siehe Listing 3.46 und Listing 3.47)

3.5.1 Fahrzeugtypen

Listing 3.43 enthält ein Formular zum Erstellen neuer Fahrzeugtypen sowie eine Liste aller vorhandenen Fahrzeugtypen.

```
<template>
  <h1>Fahrzeugtypen</h1>
  <div class="section">
    <h3>Fahrzeugtyp erstellen</h3>
    <form class="flex" @submit.prevent="createVehicleType">
      <div><input v-model="vehicleType.text" required></div>
      <div><input type="submit" value="Sichern"></div>
    </form>
  </div>
  <div class="section">
    <h3>Liste Fahrzeugtypen</h3>
    <VehicleType
      v-for="vehicleType in vehicleTypes"
```

```
      v-bind:vehicleType="vehicleType"
      @deleted="readVehicleTypes()"
    />
  </div>
</template>
<script>
import VehicleType from './VehicleType.vue';

export default {
  name: 'VehicleTypesOverview',
  components: {
    VehicleType
  },
  data: function() {
    return {
      vehicleType: { text: '' },
      vehicleTypes: []
    }
  },
  created: async function() {
    await this.readVehicleTypes();
  },
  methods: {
    readVehicleTypes: async function() {
      try {
        const response = await fetch('/tour/VehicleTypes');
        if (!response.ok)
          throw new Error(await response.text());

        this.vehicleTypes = (await response.json()).value;
      } catch(error) { console.error(error); }
    },
    createVehicleType: async function() {
      try {
        const response = await fetch(
          '/tour/createVehicleType',
          {
            method: 'POST',
            headers: {
```

```
                'Content-Type': 'application/json'
            },
            body: JSON.stringify(this.vehicleType)
        });
        if (!response.ok)
          throw new Error(await response.json());

        await this.readVehicleTypes();
      } catch(error) {
        console.error(error);
      }
    }
  }
}
</script>
```

Listing 3.43: Fahrzeugtypenübersicht in Datei »VehicleTypesOverview.vue«

Das `@submit.prevent`-Attribut des HTML-Form-Elements bewirkt, dass die Methode `createVehicleType` beim Absenden des Formulars aufgerufen wird. Nachdem der neue Fahrzeugtyp mit der Aktion `createVehicleType` (siehe Listing 3.2) erstellt worden ist, liest die Methode `createVehicleType` die Fahrzeugtypen erneut aus (`await this.readVehicleTypes()`). Der Rendering-Mechanismus von Vue.js sorgt dafür, dass im Anschluss die Liste der Fahrzeugtypen aktualisiert wird.

Die Liste der Fahrzeugtypen basiert auf der `VehicleType`-Komponente (siehe Listing 3.44). In der Fahrzeugtypenübersicht (siehe Listing 3.43) interpretiert Vue.js das Attribut `v-for="vehicleType in vehicleTypes"` als Schleife und erzeugt für jeden Fahrzeugtyp eine neue Instanz der `VehicleType`-Komponente.

```
<template>
  <div class="flex">
    <input v-model="vehicleType.text"
      v-if="!editableModeActive" disabled>
    <input v-model="vehicleType.text"
      v-if="editableModeActive">
```

```
    <a class="icon" v-on:click="changeState()">
      <i :class="[
        'fas',
        'fa-fw',
        editableModeActive ? 'fa-glasses' : 'fa-pencil-alt'
      ]">
      </i>
    </a>
    <a class="icon" v-on:click="deleteVehicleType()">
      <i :class="['fas', 'fa-fw', 'fa-trash-alt']"></i>
    </a>
  </div>
</template>

<script>
export default {
  name: 'VehicleType',
  props: {
    vehicleType: Object
  },
  data: function() {
    return {
      editableModeActive: false
    }
  },
  methods: {
    changeState: async function() {
      if (!this.editableModeActive) {
        this.editableModeActive = true;
        return;
      }
      try {
        const response = await fetch(
          '/tour/updateVehicleType', {
          method: 'POST',
          headers: {
            'Content-Type': 'application/json'
          },
          // request body can only contain ID
          // and text as defined on service definition
```

```
          body: JSON.stringify({
            ID: this.vehicleType.ID,
            text: this.vehicleType.text
          })
        });
        if (!response.ok) {
          throw new Error(await response.text());
        }
        this.editableModeActive = false;
      } catch(error) {
        console.error(error);
      }
    },
    deleteVehicleType: async function() {
      try {
        const response = await fetch(
          '/tour/deleteVehicleType', {
          method: 'POST',
          headers: {
            'Content-Type': 'application/json'
          },
          body: JSON.stringify({ID: this.vehicleType.ID})
        });
        if (!response.ok) {
          throw new Error(await response.text());
        }
        this.$emit("deleted", this.vehicleType);
      } catch(error) {
        console.error(error);
      }
    }
  }
}
</script>
```

Listing 3.44: Fahrzeugtypkomponente in Datei »VehicleType.vue«

Die Fahrzeugtypkomponente hat zwei Modi: Beim Aufruf der Applikation ist der Lesemodus (siehe Abbildung 3.18) aktiv; der editierbare Modus wird durch das Bleistift-Icon aktiviert (siehe Abbildung 3.19).

Die Modi werden durch die Variable `editableModeActive` gesteuert. Beim Umschalten vom Editier- in den Lesemodus erfolgt mittels HTTP-Post-Request der Aufruf der Aktion `updateVehicleType`, die den Fahrzeugtyp ändert.

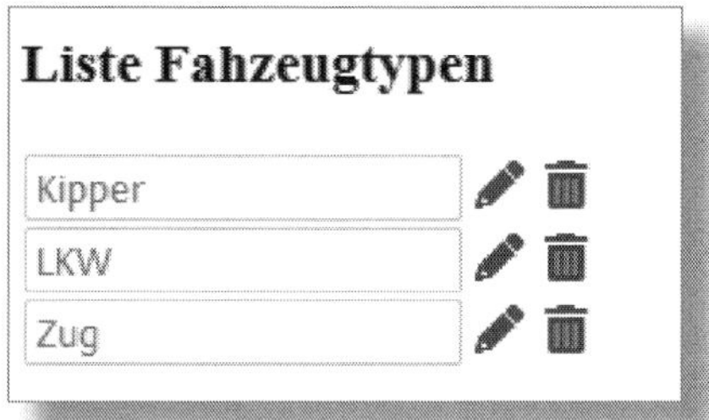

Abbildung 3.18: Lesemodus

Abbildung 3.19: Editierbarer Modus

Die Interaktion mit dem OData-Service erfolgt in den Methoden `readVehicleTypes`, `createVehicleType` (siehe Listing 3.43), `changeState` und `deleteVehicleType` (siehe Listing 3.44). Die `fetch`-Funktion innerhalb dieser Methoden sendet oder empfängt die Daten des OData-Service. Die Methoden `createVehicleType`, `changeState` und `deleteVehicleType` nutzen dabei die Aktionen aus Listing 3.2.

Beim Aufruf der Aktion mit der `fetch`-Funktion dürfen Sie im Request-Body nur die Parameter angeben, die in der Aktion definiert sind. Die Angabe `this.vehicleType` wie in Listing 3.45 führt zu einem Fehler, da die Entität »VehicleType« neben der ID und dem Text noch weitere Parameter wie das Erstelldatum und den Ersteller enthält. Diese Parameter sind in der Aktion nicht definiert.

```
const response = await fetch(
  '/tour/updateVehicleType', {
  method: 'POST',
  headers: {
    'Content-Type': 'application/json'
  },
  body: JSON.stringify(this.vehicleType)
});
```

Listing 3.45: Fehlerhafter Request-Body

3.5.2 Fahrzeuge

Listing 3.46 übernimmt die Darstellung der Fahrzeuge.

```
<template>
  <h1>Fahrzeuge</h1>
  <div class="section">
    <h3>Fahrzeug erstellen</h3>
    <div class="error" v-if="error">
      <i class="fa-solid fa-circle-exclamation"></i>
      <span>{{ error.message }}</span>
    </div>
    <form class="flex" @submit.prevent="createVehicle">
      <div>
        <input v-model="vehicle.ID" required>
      </div>
      <div>
        <select v-model="vehicle.type_ID" required>
          <option
            v-for="vehicleType in vehicleTypes"
            :value="vehicleType.ID">{{
              vehicleType.text }}</option>
        </select>
      </div>
      <div><input type="submit" value="Sichern"></div>
    </form>
  </div>
  <div class="section">
```

```
    <h3>Liste Fahrzeuge</h3>
    <table>
      <tr>
        <th>Kennzeichen</th>
        <th>Fahrzeugtyp</th>
        <th></th>
      </tr>
      <Vehicle
        v-for="vehicle in vehicles"
        v-bind:vehicle="vehicle"
        @updated="readVehicles()"
        @deleted="readVehicles()"
      />
    </table>
  </div>
</template>

<script>
import Vehicle from './Vehicle.vue';

export default {
  name: 'VehiclesOverview',
  components: {
    Vehicle
  },
  data: function() {
    return {
      error: null,
      vehicle: {},
      vehicles: [],
      vehicleTypes: []
    }
  },
  created: async function() {
    await this.readVehicleTypes();
    await this.readVehicles();
  },
  methods: {
    readVehicleTypes: async function() {
      try {
```

```
        const response = await fetch('/tour/VehicleTypes');
        if (!response.ok)
          throw new Error(await response.text());

        this.vehicleTypes = (await response.json()).value;
      } catch(error) { console.error(error); }
    },
    readVehicles: async function() {
      try {
        const response = await fetch(
          '/tour/Vehicles?$expand=type');
        if (!response.ok)
          throw new Error(await response.text());

        this.vehicles = (await response.json()).value;
      } catch(error) { console.error(error); }
    },
    createVehicle: async function() {
      try {
        const response = await fetch(
          '/tour/createVehicle',
          {
            method: 'POST',
            headers: {
              'Content-Type': 'application/json'
            },
            body: JSON.stringify(this.vehicle)
        });
        if (!response.ok)
          throw (await response.json()).error;

        await this.readVehicles();
      } catch(error) {
        this.error = error;
      }
    }
  }
}
</script>
```

Listing 3.46: Fahrzeugübersicht in Datei »VehiclesOverview.vue«

Durch die Angabe $expand=type in der Methode readVehicles löst SAP CAP die Navigationseigenschaften auf. Das heißt, beim Lesen der Fahrzeuge werden die entsprechenden Fahrzeugtypen mit ausgegeben (siehe Abbildung 3.20).

Abbildung 3.20: Clientseitige Eingabeprüfung

Beim Erstellen eines neuen Fahrzeugs reicht es aus, die ID des Fahrzeugtyps anzugeben (<select v-model="vehicle.type_ID" required>).

Durch das required-Attribut erfolgt eine clientseitige Prüfung der Mussfelder. Ohne gültige Eingabe aller required-Felder sendet Vue.js keine Daten an den OData-Service. SAP CAP führt bei CREATE- und UPDATE-Operationen noch einmal eine serverseitige Prüfung durch. Die clientseitige Prüfung ist nicht unbedingt notwendig, hat aber den Vorteil, dass ungültige Eingabeelemente visuell besser ersichtlich sind und sich mit CSS extra hervorheben lassen (z. B. mit roter Umrandung).

Listing 3.47 stellt ein Fahrzeug dar und bietet gleichzeitig die Möglichkeit, den Fahrzeugtyp zu ändern oder das Fahrzeug zu löschen. Beim Ändern des Fahrzeugtyps reicht es aus, die ID in der Komponente type_ID anzugeben. Dazu wurde diese Komponente an die Selektionsliste gebunden (<select v-model="vehicle.type_ID").

```
<template>
  <tr>
    <td>{{ vehicle.ID }}</td>
    <td>
      <select v-model="vehicle.type_ID"
        v-if="editableModeActive">
        <option
          v-for="vehicleType in vehicleTypes"
          :value="vehicleType.ID">
          {{ vehicleType.text }}</option>
      </select>
      <div v-if="!editableModeActive">
        {{ vehicle.type.text }}
      </div>
    </td>
    <td>
      <a class="icon" v-on:click="changeState()">
        <i :class="[
          'fas',
          'fa-fw',
          editableModeActive ?
          'fa-glasses' : 'fa-pencil-alt'
        ]"></i>
      </a>
    </td>
    <td>
      <a class="icon" v-on:click="deleteVehicle()">
        <i :class="[
          'fas',
          'fa-fw',
          'fa-trash-alt'
        ]"></i>
      </a>
    </td>
  </tr>
</template>

<script>
export default {
  name: 'Vehicle',
```

```
props: {
  vehicle: Object
},
data: function() {
  return {
    editableModeActive: false,
    vehicleTypes: []
  }
},
created: async function() {
  await this.readVehicleTypes();
},
methods: {
  readVehicleTypes: async function() {
    try {
      const response = await fetch('/tour/VehicleTypes');
      if (!response.ok)
        throw new Error(await response.text());

      this.vehicleTypes = (await response.json()).value;
    } catch(error) {
      console.error(error);
    }
  },
  changeState: async function() {
    if (!this.editableModeActive) {
      this.editableModeActive = true;
      return;
    }
    try {
      const response = await fetch(
        '/tour/updateVehicle', {
        method: 'POST',
        headers: {
          'Content-Type': 'application/json'
        },
        body: JSON.stringify({
          ID: this.vehicle.ID,
          type_ID: this.vehicle.type_ID
        })
```

```
        });
        if (!response.ok) {
          throw new Error(await response.text());
        }
        this.editableModeActive = false;
        this.$emit("deleted", this.vehicleType);
      } catch(error) {
        console.error(error);
      }
    },
    deleteVehicle: async function() {
      try {
        const response = await fetch(
          '/tour/deleteVehicle', {
          method: 'POST',
          headers: {
            'Content-Type': 'application/json'
          },
          body: JSON.stringify({ID: this.vehicle.ID})
        });
        if (!response.ok) {
          throw new Error(await response.text());
        }
        this.$emit("deleted", this.vehicleType);
      } catch(error) {
        console.error(error);
      }
    }
  }
}
</script>
```

Listing 3.47: Fahrzeugkomponente in Datei »Vehicle.vue«

Die Fahrzeugtypen werden nach dem Erstellen der Komponente gelesen und an die Selektionsoptionen gebunden (`<option v-for="vehicleType in vehicleTypes":value="vehicleType.ID">{{ vehicleType.text }}</option>`). Das Lesen erfolgt über den OData-Service. Die Antwort des OData-Service ist in Listing 3.48 dargestellt.

```
{
  "@odata.context":"$metadata#VehicleTypes",
  "value":[
    {
      "ID":"b701faf4-86ae-4169-8329-068f02c75eaa",
      "text":"Zug"
    },
    {
      "ID":"e2f96e97-a5d5-424e-8294-99000a3d3005",
      "text":"LKW",
    }
  ]
}
```

Listing 3.48: Antwort OData-Service

Interessant ist der `value`-Knoten, der die Fahrzeugtypen enthält. Das Statement `(await response.json()).value` konvertiert das JSON-Array in ein JavaScript-Array.

Listing 3.49 zeigt das Applikationsskript mit der Umschaltmöglichkeit zwischen dem Fahrzeugtypen- und dem Fahrzeugdatendialog.

```
<template>
  <div class="center">
    <a v-on:click="showVehicleTypes()">
      Fahrzeugtypen
    </a>
  </div>
  <div class="center">
    <a v-on:click="showVehicles()">
      Fahrzeuge
    </a>
  </div>
  <VehicleTypesOverview
    v-if="this.view === this.VIEWS.VEHICLE_TYPES"/>
  <VehiclesOverview
    v-if="this.view === this.VIEWS.VEHICLES"/>
</template>
```

```
<script>
import VehicleTypesOverview from
 './components/VehicleTypesOverview.vue';
import VehiclesOverview from
 './components/VehiclesOverview.vue';

export default {
  name: 'App',
  components: {
    VehicleTypesOverview,
    VehiclesOverview
  },
  data: function() {
    return {
      view: 0,
      VIEWS: {
        VEHICLE_TYPES: 1,
        VEHICLES: 2
      }
    };
  },
  methods: {
    showVehicleTypes: function() {
      this.view = this.VIEWS.VEHICLE_TYPES;
    },
    showVehicles: function() {
      this.view = this.VIEWS.VEHICLES;
    }
  }
}
</script>
```

Listing 3.49: Vue.js-Applikationsskript »App.vue« mit Umschaltmöglichkeit

Listing 3.50 stellt das Mainskript dar, welches das Applikationsskript in das DOM integriert.

```
import { createApp } from 'vue';
import App from './App.vue';

import '@fortawesome/fontawesome-free/js/brands.js';
import '@fortawesome/fontawesome-free/css/all.css';

createApp(App).mount('#app');
```

Listing 3.50: Mainskript »main.js« zur Integration in das DOM

Damit SAP CAP die Quellcodes von Listing 3.43 bis Listing 3.50 als Webapplikation zur Verfügung stellen kann, legen Sie im Projektverzeichnis die Datei »vue.config.js« an (siehe Listing 3.51) und führen Sie das Kommando `npx vue-cli-service build` aus.

```
const path = require('path');

module.exports = {
  publicPath: '/vue/',
  outputDir: path.resolve('app', 'vue'),
  pages: {
    index: {
      entry: path.resolve('vue_src', 'main.js'),
      template: path.resolve('vue_public', 'index.html'),
      filename: 'index.html'
    }
  }
};
```

Listing 3.51: Vue.js-Konfiguration

Das App-Verzeichnis enthält anschließend den vue-Ordner mit der ausführbaren Webapplikation, die im Browser wie in Abbildung 3.21 oder in Abbildung 3.22 dargestellt wird.

Fahrzeugtypen

Fahzeugtyp erstellen

Submit

Liste Fahzeugtypen

Binnenschiff
LKW 40to
Schiff
Lieferwagen
Kurier
Güterzug

Abbildung 3.21: Fahrzeugtypenverwaltung

Fahrzeuge

Fahrzeug erstellen

LKW Sichern

Liste Fahrzeuge

Kennzeichen	Fahrzeugtyp
1	Binnenschiff
2	Binnenschiff
EM-400	LKW
EM-401	LKW
EM-800	Lieferwagen bis 3,5t
X-1000	Güterwagon
X-1001	Güterwagon

Abbildung 3.22: Fahrzeugverwaltung

3.5.3 Deep Insert

Damit Sie das Skript zur Tourenerfassung verstehen, möchte ich Ihnen Deep Inserts erläutern. Der Ausdruck bedeutet, dass eine Komposition aus verschiedenen miteinander verknüpften Entitäten (typischerweise eine Komposition aus Kopf- und Positionsdaten) in einem Request erstellt wird. Die transportierten Güter und die geplante Tour in der Speditionsanwendung stellen eine solche Komposition dar. Wenn Sie die JSON-Datei in einem HTTP-POST-Request aus Listing 3.52 an den OData-Service http://localhost:4004/tour senden, erstellt Ihnen SAP CAP eine Tour mit den transportierten Gütern (siehe Abbildung 3.23).

```
{
  "startDate":"2022-12-11T23:00:00.000Z",
  "transportedGoods":[{
    "material":"Paletten",
    "quantity":"5",
    "unitOfMeasure":"ST"
  }],
  "vehicle_ID":"EM-400",
  "startAddress_street":"Zepplinstr.",
  "startAddress_streetNumber":"100",
  "startAddress_zip":"89250",
  "startAddress_city":"Senden",
  "startAddress_country":"DE",
  "targetAddress_street":"Robert-Bosch-Str.",
  "targetAddress_streetNumber":"8",
  "targetAddress_zip":"89231",
  "targetAddress_city":"Neu-Ulm",
  "targetAddress_country":"DE"
}
```

Listing 3.52: Deep Insert – HTTP-POST-Request-Body

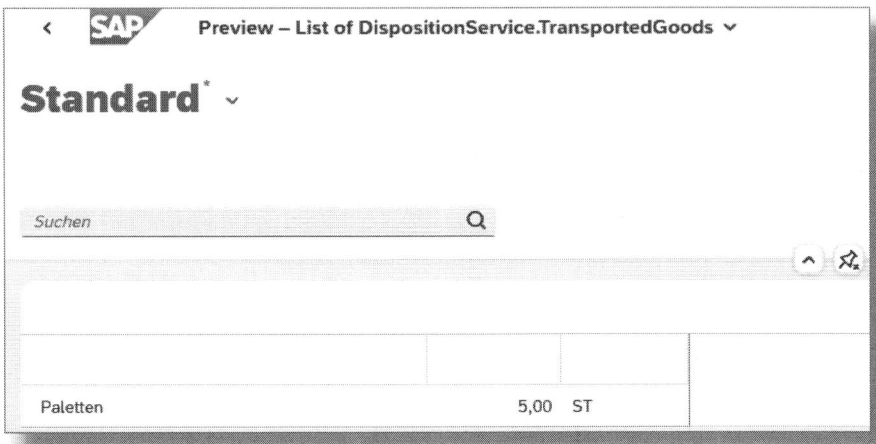

Abbildung 3.23: Deep Insert – eingefügte transportierte Güter

Deep Insert funktioniert nur, wenn in der Schemadefinition eine Komposition verwendet wird (siehe Listing 3.53).

```
entity PlannedTours : managed {
  key ID : UUID;
  vehicle: Association to Vehicles;
  startDate: DateTime;
  startAddress: Address;
  endDate: DateTime;
  targetAddress: Address;
  transportedGoods: Composition of many TransportedGoods
    on transportedGoods.tour = $self;
}
```

Listing 3.53: Deep Insert – korrekte Schemadefinition

Verwenden Sie eine Assoziation wie in Listing 3.54, erstellt der Deep Insert nur eine Tour, aber keine transportierten Güter.

```
entity PlannedTours : managed {
  key ID : UUID;
  vehicle: Association to Vehicles;
  startDate: DateTime;
```

```
  startAddress: Address;
  endDate: DateTime;
  targetAddress: Address;
  transportedGoods: Association to many TransportedGoods;
}
```

Listing 3.54: Deep Insert – falsche Schemadefinition

Ein weiteres Problem beim Deep Insert (SAP CAP Version 5.9.7) tritt während des Tests immer dann auf, wenn eine CAP-CDS-Annotation Entwürfe aktiviert, wie z. B. in Listing 3.31. Hier kommt es zu dem Fehler »[Error: SQLITE_CONSTRAINT: NOT NULL constraint failed: DispositionService_TransportedGoods_drafts.DraftAdministrativeData _DraftUUID in«. SAP CAP versucht, beim Deep Insert auch die Entwurfstabellen zu befüllen, was daran scheitert, dass der Entwurf kein UUID bekommt.

3.5.4 Tourenerfassung

Listing 3.55 zeigt das Formular zum Erstellen der Touren.

```
<template>
  <h2>Tour erstellen</h2>
  <div class="section">
    <ErrorMessage
      v-if="error"
      :errorMessage="error.message"
    />
    <form @submit.prevent="createTour">
      <table>
        <tr>
          <td>Fahrzeug</td>
          <td>
            <select v-model="tour.vehicle_ID" required>
              <option
                v-for="vehicle in vehicles"
               :value="vehicle.ID">{{ vehicle.ID }} ({{
                 vehicle.type.text }})</option>
```

```
          </select>
        </td>
      </tr>
      <tr>
        <td>Abholdatum und -uhrzeit</td>
        <td>
          <DateTime
            :date="tour.startDate"
            @changed="updateStartDate($event)"/>
        </td>
      </tr>
      <tr>
        <td>Eintreffdatum und -uhrzeit</td>
        <td>
          <DateTime
            :date="tour.endDate"
            @changed="updateEndDate($event)"/>
        </td>
      </tr>
    </table>
    <h3>Abholadresse</h3>
    <Address
      :address="startAddress"
      @error="setErrorMessage($event)"
    />
    <h3>Empfängeradresse</h3>
    <Address
      :address="endAddress"
      @error="setErrorMessage($event)"
    />
    <TransportedGoodsOverview
      :transportedGoods="tour.transportedGoods"
      @changed="updateTransportedGoods($event)"
    />
    <div>
      <input type="submit" value="Sichern">
    </div>
  </form>
 </div>
</template>
```

```
<script>
import Address from './Address.vue';
import DateTime from './DateTime.vue';
import ErrorMessage from './ErrorMessage.vue';
import TransportedGoodsOverview from './
TransportedGoodsOverview.vue';

export default {
  name: 'PlannedTour',
  components: {
    Address,
    DateTime,
    ErrorMessage,
    TransportedGoodsOverview
  },
  data: function() {
    return {
      error: null,
      endAddress: {},
      startAddress: {},
      tour: {
        startDate: new Date(),
        transportedGoods: []
      },
      vehicles: []
    };
  },
  created: async function() {
    await this.readVehicles();
  },
  methods: {
    createTour: async function() {
      try {
        const response = await fetch('/tour/PlannedTours', {
          method: 'POST',
          headers: {
            'Content-Type': 'application/json'
          },
          body: JSON.stringify({
```

```
          ...this.tour,
          startAddress_addressLine:
            this.startAddress.addressLine,
          startAddress_street: this.startAddress.street,
          startAddress_streetNumber:
            this.startAddress.streetNumber,
          startAddress_zip: this.startAddress.zip,
          startAddress_city: this.startAddress.city,
          startAddress_country:
            this.startAddress.country,
          targetAddress_addressLine:
            this.endAddress.addressLine,
          targetAddress_street: this.endAddress.street,
          targetAddress_streetNumber:
            this.endAddress.streetNumber,
          targetAddress_zip: this.endAddress.zip,
          targetAddress_city: this.endAddress.city,
          targetAddress_country:
            this.endAddress.country
        })
      });
      if (!response.ok)
        throw new Error((await
          response.json()).error.message);

    } catch(error) { this.error = error; }
  },
  readVehicles: async function() {
    try {
      const response = await
        fetch('/tour/Vehicles?$expand=type');
      if (!response.ok)
        throw new Error(
          (await response.json()).error.message);

      this.vehicles = (await response.json()).value;
    } catch(error) { this.error = error; }
  },
  updateStartDate: function(date) {
    this.tour.startDate = date;
```

```
    },
    updateEndDate: function(date) {
      this.tour.endDate = date;
    },
    updateTransportedGoods: function(transportedGoods) {
      this.tour.transportedGoods = transportedGoods;
    },
    setErrorMessage: function(message) {
      this.error = new Error(message);
    }
  }
}
</script>
```

Listing 3.55: Tourformular in Datei »PlannedTour.vue«

Die Methode `createTour` übernimmt das Erstellen der Touren. Die Adressfelder sind in dieser Methode einzeln angegeben, da OData-Services keine Strukturen wie in der Schemadefinition (siehe Listing 3.1) unterstützen und SAP CAP diese daher in Komponenten auflöst. Die Namen der jeweiligen Adressfelder sind in den Metadaten ersichtlich (siehe Listing 3.56).

```
<EntityType Name="PlannedTours">
  <Key>
    <PropertyRef Name="ID"/>
  </Key>
  <!-- … -->
  <Property Name="startAddress_formatted" Type="Edm.String"
    MaxLength="200"/>
  <Property Name="startAddress_addressLine"
    Type="Edm.String" MaxLength="100"/>
  <Property Name="startAddress_street" Type="Edm.String"
    MaxLength="100"/>
  <Property Name="startAddress_streetNumber"
    Type="Edm.String" MaxLength="10"/>
  <Property Name="startAddress_city" Type="Edm.String"
    MaxLength="100"/>
  <Property Name="startAddress_zip" Type="Edm.String"
    MaxLength="10"/>
```

```
  <Property Name="startAddress_country" Type="Edm.String"
    MaxLength="2"/>
  <Property Name="targetAddress_formatted" Type="Edm.String"
    MaxLength="200"/>
  <Property Name="targetAddress_addressLine"
    Type="Edm.String" MaxLength="100"/>
  <Property Name="targetAddress_street" Type="Edm.String"
    MaxLength="100"/>
  <Property Name="targetAddress_streetNumber"
    Type="Edm.String" MaxLength="10"/>
  <Property Name="targetAddress_city" Type="Edm.String"
    MaxLength="100"/>
  <Property Name="targetAddress_zip" Type="Edm.String"
    MaxLength="10"/>
  <Property Name="targetAddress_country" Type="Edm.String"
    MaxLength="2"/>
</EntityType>
```

Listing 3.56: Entitätstyp »PlannedTours« – Auszug aus den Metadaten

Listing 3.55 verwendet die Komponenten `DateTime` (siehe Listing 3.57), `Address` (siehe Listing 3.58), `ErrorMessage` (siehe Listing 3.59) und `TransportedGoodsOverview` (siehe Listing 3.61).

Mit dem `watch`-Objekt in Listing 3.57 reagieren Sie auf Benutzereingaben. Sobald ein Datum oder eine Uhrzeit eingegeben wird, ruft Vue.js die Callback-Funktion `sdate` bzw. `stime` auf. Diese Callback-Funktionen erstellen aus Datum und Uhrzeit ein JavaScript-Date-Objekt und lösen anschließend das `changed`-Event mit dem JavaScript-Date-Objekt aus. Das Tourformular in Listing 3.55 reagiert auf dieses Event, indem es das Datum in das Tourenobjekt übernimmt.

```
<template>
  <div>
    <input v-model="sdate" :required="required" type="date">
    <input v-model="stime" :required="required" type="time">
  </div>
</template>
```

```
<script>
export default {
  name: 'DateTime',
  props: {
    date: Date
  },
  data: function() {
    return {
      sdate: this.date instanceof Date ?
        this.date.toISOString().split('T')[0] : '',
      stime: this.date instanceof Date ?
        this.date.toISOString()
        .split('T')[1].split('.')[0] : ''
    }
  },
  watch: {
    sdate: function(newValue, oldValue) {
      this.$emit("changed",
        new Date(`${newValue}T${this.stime}`));
    },
    stime: function(newValue, oldValue) {
      this.$emit("changed",
        new Date(`${this.sdate}T${newValue}`));
    }
  }
}
</script>
```

Listing 3.57: DateTime-Komponente in Datei »DateTime.vue«

```
<template>
  <table>
    <tr>
      <td>Name</td>
      <td>
        <input v-model="address.addressLine1" required>
      </td>
    </tr>
    <tr>
      <td>Straße und Hausnr.</td>
```

```
      <td><input v-model="address.street"></td>
      <td><input v-model="address.streetNumber"></td>
    </tr>
    <tr>
      <td>Land, Postleitzahl und Ort</td>
      <td><input v-model="address.country" required></td>
      <td><input v-model="address.zip" required></td>
      <td><input v-model="address.city" required></td>
    </tr>
  </table>
</template>

<script>
export default {
  name: 'Address',
  props: {
    address: Object
  }
}
</script>
```

Listing 3.58: Adresskomponente in Datei »Address.vue«

Schlägt die Kommunikation mit dem OData-Service fehl, übernimmt das Skript in Listing 3.59 die Anzeige der Fehlermeldung. Ein Fehlschlag lässt sich am HTTP-Statuscode erkennen. Die HTTP-Antwort enthält dabei ein JSON-Fehlerobjekt wie in Listing 3.60.

```
<template>
  <div class="flex error" v-if="!closed">
    <div><i class="fa-solid fa-fw fa-xmark"></i></div>
    <div>{{ errorMessage }}</div>
    <div><button v-on:click="close()">OK</button></div>
  </div>
</template>

<script>
export default {
  name: 'ErrorMessage',
  props: {
```

```
    errorMessage: String
  },
  data: function() {
    return {
      closed: false
    }
  },
  methods: {
    close: function() {
      this.closed = true;
    }
  }
}
</script>
```

Listing 3.59: Fehlermeldungskomponente in Datei »ErrorMessage.vue«

```
{
  "error": {
    "code":"400",
    "message":"Deserialization Error"
  }
}
```

Listing 3.60: HTTP-Antwort mit Fehlerobjekt

Die Anweisung `(await response.json()).error.message)` extrahiert die Meldung aus dem Fehlerobjekt.

Das Transportgüterformular in Listing 3.61 interagiert nicht direkt mit dem OData-Service. Stattdessen meldet das Skript über Events Änderungen der Güter an das Tourformular.

```
<template>
  <h3>Transportierte Güter</h3>
  <div class="section">
    <form @submit.prevent="addTransportedGood">
      <div>
```

```
        <table>
          <tr>
            <th>Material</th>
            <th>Menge</th>
            <th>Mengeneinheit</th>
            <th></th>
          </tr>
          <TransportedGood
            v-for="(good, index) in goods"
            :index="index"
            :transportedGood="good"
            @changed="changeTransportedGood($event)"
            @deleted="deleteTransportedGood($event)"
          />
          <tr>
            <td><input
              v-model="newGood.material" required>
            </td>
            <td><input
              v-model="newGood.quantity"
              step="0.01" required></td>
            <td><input
              v-model="newGood.unitOfMeasure" required>
            </td>
          </tr>
        </table>
      </div>
      <div class="center">
        <input type="submit" value="Hinzufügen">
      </div>
    </form>
  </div>
</template>

<script>
import TransportedGood from './TransportedGood.vue';

export default {
  name: 'TransportedGoodsOverview',
  components: {
```

```
    TransportedGood
  },
  props: {
    transportedGoods: Object
  },
  data: function() {
    return {
      newGood: {},
      goods: [...this.transportedGoods]
    }
  },
  methods: {
    addTransportedGood: function() {
      this.goods = [...this.goods, this.newGood];
      this.newGood = {};
      this.$emit("changed", this.goods);
    },
    changeTransportedGood: function(goodWrapper) {
      this.goods[goodWrapper.i] = goodWrapper.good;
    },
    deleteTransportedGood: function(goodWrapper) {
      this.goods[goodWrapper.i] = null;
      this.goods = this.goods.filter(good => good != null);
    }
  }
}
</script>
```

Listing 3.61: Transportgüterformular in Datei »TransportedGoodsOverview.vue«

Das Transportgüterformular verwendet die Transportgüterkomponente (siehe Listing 3.62), um ein transportiertes Gut darzustellen. Dabei gibt es einen Lese- und einen Editiermodus. Wie bereits das Transportgüterformular interagiert auch die Transportgüterkomponente nicht direkt mit dem OData-Service.

```
<template>
  <tr v-if="!editableModeActive">
    <td>{{ good.material }}</td>
    <td>{{
      new Intl.NumberFormat().format(good.quantity) }}</td>
    <td>{{ good.unitOfMeasure }}</td>
    <td>
      <a class="icon" v-on:click="changeState()">
        <i class="fas fa-fw fa-pencil-alt"></i>
      </a>
    </td>
    <td>
      <a class="icon" v-on:click="deleteTransportedGood()">
        <i class="fas fa-fw fa-trash-alt"></i>
      </a>
    </td>
  </tr>
  <tr v-if="editableModeActive">
    <td><input v-model="good.material"></td>
    <td><input v-model="good.quantity" type="number"></td>
    <td><input v-model="good.unitOfMeasure"></td>
    <td>
      <a class="icon" v-on:click="changeState()">
        <i class="fas fa-fw fa-glasses"></i>
      </a>
    </td>
    <td>
      <a class="icon" v-on:click="deleteTransportedGood()">
        <i class="fas fa-fw fa-trash-alt"></i>
      </a>
    </td>
  </tr>
</template>

<script>
export default {
  name: 'TransportedGood',
  props: {
    transportedGood: Object,
    index: Number
```

```
  },
  data: function() {
    return {
      editableModeActive: false,
      good: {...this.transportedGood}
    };
  },
  methods: {
    changeState: function() {
      if (!this.editableModeActive) {
        this.editableModeActive = true;
        return;
      }

      this.$emit("changed", {
        good: this.good,
        i: this.index
      });
      this.editableModeActive = false;
    },
    deleteTransportedGood: function() {
      this.$emit("deleted", {
        good: this.good,
        i: this.index
      });
    }
  }
}
</script>
```

Listing 3.62: Transportgüterkomponente in Datei »TransportedGood.vue«

Das Tourformular sendet die transportierten Güter als Bestandteil der Tour mittels POST-Request an den OData-Service (Deep Insert).

Verbesserung der Ländereingabe

Eine Verbesserung ist bei der Ländereingabe möglich. Anstatt die Ländereingabe als Freitextfeld zu definieren, können Sie sie in der Schemadefinition auch den Typ `sap.common.Country` verwenden (siehe Listing 3.63).

```
using { managed, sap, Country } from '@sap/cds/common';
namespace sap.capire.tours;

type Address {
  addressLine: String(100);
  street: String(100);
  streetNumber: String(10);
  city: String(100);
  zip: String(10);
  country: Country;
}

entity PlannedTours : managed {
  key ID : UUID;
  @mandatory
  vehicle: Association to Vehicles;
  @mandatory
  startDate: DateTime;
  @mandatory
  startAddress: Address;
  @mandatory
  endDate: DateTime;
  @mandatory
  targetAddress: Address;
  transportedGoods: Composition of many TransportedGoods on
    transportedGoods.tour = $self;
}
```

Listing 3.63: Schemadefinition mit Ländertyp

Im Hintergrund legt SAP CAP nun eine Ländertabelle mit der Struktur aus Listing 3.64 an, und die `PlannedTours`-Entität aus Listing 3.63 enthält eine Navigationseigenschaft, die auf diese Ländertabelle zugreift.

```
namespace sap.common;

entity Country {
  key code: String(2);
  name: String(255);
  descr: String(1000);
}
```

Listing 3.64: Struktur Ländertabelle

Die Länder legen Sie als CSV-Datei im Pfad DB • DATA (Datei »sap.common-Countries.csv«) ab. SAP CAP fügt die Länder aus der CSV-Datei in die lokale SQLite-Datenbank ein.

Durch die Schemaänderung in Listing 3.63 können Sie das Textfeld für den Länderschlüssel in Listing 3.58 durch ein Drop-down-Feld tauschen. Listing 3.65 zeigt die verbesserte Adresskomponente.

```
<template>
  <table>
    <tr>
      <td>Name</td>
      <td>
        <input v-model="address.addressLine" required>
      </td>
    </tr>
    <tr>
      <td>Straße und Hausnr.</td>
      <td><input v-model="address.street"></td>
      <td><input v-model="address.streetNumber"></td>
    </tr>
    <tr>
      <td>Land, Postleitzahl und Ort</td>
      <td>
        <select v-model="address.country" required>
          <option
            v-for="country in countries"
            :value="country.code">
            {{ country.name }}</option>
```

```
        </select>
      </td>
      <td><input v-model="address.zip" required></td>
      <td><input v-model="address.city" required></td>
    </tr>
  </table>
</template>

<script>
export default {
  name: 'Address',
  props: {
    address: Object
  },
  data: function() {
    return {
      countries: []
    }
  },
  created: async function() {
    await this.readCountries();
  },
  methods: {
    readCountries: async function() {
      try{
        const response = await fetch('/tour/Countries');
        if (!response.ok)
          throw new Error((await
            response.json()).error.message);

        this.countries = (await response.json()).value;
      } catch(error) {
        this.$emit("error", error.message);
      }
    }
  }
}
</script>
```

Listing 3.65: Adresskomponente in Datei »Address.vue«

3.5.5 Tourenrückmeldung

Die Tourenrückmeldung soll wie in Abschnitt 3.4.4 nicht oder nicht vollständig rückgemeldete Touren anzeigen. Dazu liest die Methode `readPendingTours` (siehe Listing 3.66) die anstehenden Touren aus dem Rückmeldeservice.

```
<template>
  <table v-if="view === VIEWS.TOUR">
    <tr>
      <th>Fahrzeug</th>
      <th>Abholdatum und -uhrzeit (geplant)</th>
      <th>Abholadresse</th>
      <th>Endedatum und -uhrzeit (geplant)</th>
      <th>Empfängeradresse</th>
    </tr>
    <PendingTour
      v-for="(tour, index) in tours"
      :key="index"
      :tour="tour"
      @confirm="confirmTour($event)"
    />
  </table>
  <TourConfirmation
    :tour="tour"
    v-if="view === VIEWS.CONFIRMATION"
    @saved="resetView()"
  />
</template>

<script>
import ErrorMessage from './ErrorMessage.vue';
import PendingTour from './PendingTour.vue';
import TourConfirmation from './TourConfirmation.vue';

export default {
  name: 'PendingToursOverview',
  components: {
    ErrorMessage,
    PendingTour,
```

```
    TourConfirmation
  },
  data: function() {
    const VIEWS = {
      TOUR: 1,
      CONFIRMATION: 2
    };
    return {
      tours: [],
      tour: null,
      view: VIEWS.TOUR,
      VIEWS,
      error: null
    };
  },
  created: async function() {
    await this.readPendingTours();
  },
  methods: {
    readPendingTours: async function() {
      try {

        const response = await fetch('/conf/PendingTours');
        if (!response.ok)
          throw new Error(
            (await response.json()).error.message);

        this.tours = (await response.json()).value;
        console.log(this.tours);
      } catch(error) {
        this.error = error;
      }
    },
    confirmTour: function(tour) {
      this.tour = tour;
      this.view = this.VIEWS.CONFIRMATION;
    },
    resetView: function() {
      this.view = this.VIEWS.TOUR;
    }
```

```
  }
};
</script>
```

Listing 3.66: Übersicht der anstehenden Touren in Datei »PendingToursOverview.vue«

Über den Button RÜCKMELDEN (siehe Abbildung 3.24) gelangen Sie zum Rückmeldeformular.

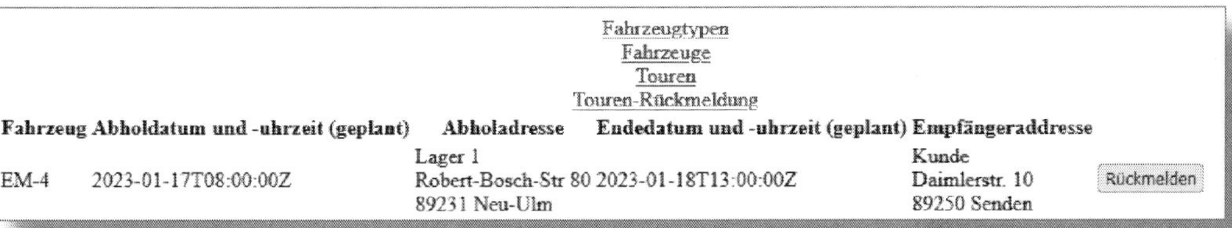

Fahrzeugtypen
Fahrzeuge
Touren
Touren-Rückmeldung

Fahrzeug	Abholdatum und -uhrzeit (geplant)	Abholadresse	Endedatum und -uhrzeit (geplant)	Empfängeraddresse	
EM-4	2023-01-17T08:00:00Z	Lager 1 Robert-Bosch-Str 80 89231 Neu-Ulm	2023-01-18T13:00:00Z	Kunde Daimlerstr. 10 89250 Senden	Rückmelden

Abbildung 3.24: Rückmeldeübersicht

Das Rückmeldeformular wird mit der Vue.js-Komponente `TourConfirmation` (siehe Listing 3.67) implementiert.

```
<template>
  <ErrorMessage
    v-if="error"
    :errorMessage="error.message"
  />
  <form @submit.prevent="save">
    <table>
      <tr>
        <td>Startdatum und -uhrzeit (IST)</td>
        <td>
          <DateTime
            :date="confirmation.startDate"
            @changed="updateStartDate($event)"/>
        </td>
      </tr>

      <tr>
        <td>km-Stand Start</td>
```

```
        <td><input v-model="confirmation.kmStart"
          type="number" inputmode="numeric"></td>
      </tr>
      <tr>
        <td>Enddatum und -uhrzeit (IST)</td>
        <td>
          <DateTime
            :date="confirmation.endDate"
            @changed="updateEndDate($event)"/>
        </td>
      </tr>
      <tr>
        <td>km-Stand Ende</td>
        <td><input v-model="confirmation.kmEnd"
          type="number" inputmode="numeric"></td>
      </tr>
    </table>
    <input type="submit" value="Sichern">
  </form>
</template>

<script>
import DateTime from './DateTime.vue';
import ErrorMessage from './ErrorMessage.vue';

export default {
  name: 'TourConfirmation',
  components: {
    DateTime,
    ErrorMessage
  },
  props: {
    tour: Object
  },
  data: function () {
    return {
      confirmation: {
        startDate: null,
        endDate: null,
        kmStart: 0,
```

```
        kmEnd: 0,
        tour_ID: this.tour.ID
      },
      error: null
    };
  },
  created: async function() {
    await this.readConfirmation();
  },
  methods: {
    readConfirmation: async function() {
      try {
        const filter = `tour_ID eq ${this.tour.ID}`;
        const response = await
fetch(`/conf/TourConfirmations?$filter=${encodeURIComponent(filter)}`);
        if (!response.ok)
          throw new Error(
            (await response.json()).error.message);

        const confirmations =
          (await response.json()).value;
        if (Array.isArray(confirmations) &&
            confirmations.length > 0) {
          this.confirmation = confirmations[0];
        }
      } catch(error) {
        this.error = error;
      }
    },
    save: async function() {
      if (this.confirmation.ID)
        await this.updateConfirmation();
      else
        await this.createConfirmation();
    },
    createConfirmation: async function() {
      try {
        // use action as direct inserted entity is not
        // active, when `@odata.draft.enabled = true`
        const response = await
```

```
        fetch('/tour/createTourConfirmation', {
          method: 'POST',
          headers: {
            'Content-Type': 'application/json'
          },
          body: JSON.stringify(this.confirmation)
        });
        if (!response.ok)
          throw new Error(
            (await response.json()).error.message);

        this.$emit("saved");
      } catch(error) {
        this.error = error;
      }
    },
    updateConfirmation: async function() {
      try {
        const response = await
        fetch('/tour/updateTourConfirmation', {
          method: 'POST',
          headers: {
            'Content-Type': 'application/json'
          },
          body: JSON.stringify({
            ID: this.confirmation.ID,
            startDate: this.confirmation.startDate,
            kmStart: this.confirmation.kmStart,
            endDate: this.confirmation.endDate,
            kmEnd: this.confirmation.kmEnd
          })
        });
        if (!response.ok)
          throw new Error(
            (await response.json()).error.message);

        this.$emit("saved");
      } catch(error) {
        this.error = error;
      }
```

```
    },
    updateStartDate: function(date) {
      this.confirmation.startDate = date;
    },
    updateEndDate: function(date) {
      this.confirmation.endDate = date;
    },
  }
};
</script>
```

Listing 3.67: Rückmeldeformular

Die Methode `readConfirmation` liest die Rückmeldung, falls eine solche existiert. Dem OData-Service wird dabei eine Filterbedingung mitgegeben (`tour_ID eq ${this.tour.ID}`), um nur diejenige Rückmeldung zu erhalten, die mit der aktuellen Tour verknüpft ist.

Das Erstellen der Rückmeldung läuft über die Aktion `createTourConfirmation` (siehe Listing 3.2). Dies ist notwendig, da in Listing 3.42 Entwürfe aktiviert wurden und ein HTTP-POST-Request mit der URL /conf/TourConfirmation die Rückmeldung nur als Entwurf sichert.

Mit dieser Logik können – anders als bei der SAP-Fiori-Applikation aus Abschnitt 3.4.4 – auch Fahrzeugführer ohne Schreibautorisierung die geplanten Touren zurückmelden.

4 Integration in bestehende ABAP-Anwendungen

Im letzten Kapitel möchte ich Ihnen die Integration von SAP-CAP- und ABAP-Applikationen zeigen.

Das Modell, das ich Ihnen dabei vorstelle, basiert auf der Voraussetzung, dass ABAP- und SAP-CAP-Anwendungen über OData-Services kommunizieren.

4.1 Von SAP CAP auf AS ABAP

Im ersten Szenario interagiert der Benutzer mit der SAP-CAP-Anwendung und diese wiederum im Hintergrund mit dem AS ABAP. SAP CAP triggert dabei die Verbindung zum AS ABAP. Die Kommunikation erfolgt über das SAP Gateway, das ebenfalls auf OData-Services basiert. Im Fallbeispiel soll die ABAP-Dictionary-Tabelle SPFLI des Flugdatenmodells (siehe Abbildung 4.1) über SAP CAP zur Verfügung gestellt werden.

Das Flugdatenmodell ist ein Datenmodell, das auf allen ABAP-Systemen als Demonstrationsobjekt vorinstalliert ist und alle Strukturen enthält, um Flugdaten zu erfassen und zu beschreiben. Für Sie ist in diesem Abschnitt aber weniger der Inhalt des Flugdatenmodells relevant als die generelle Vorgehensweise. Sehen Sie die Tabelle SPFLI lediglich als Platzhalter.

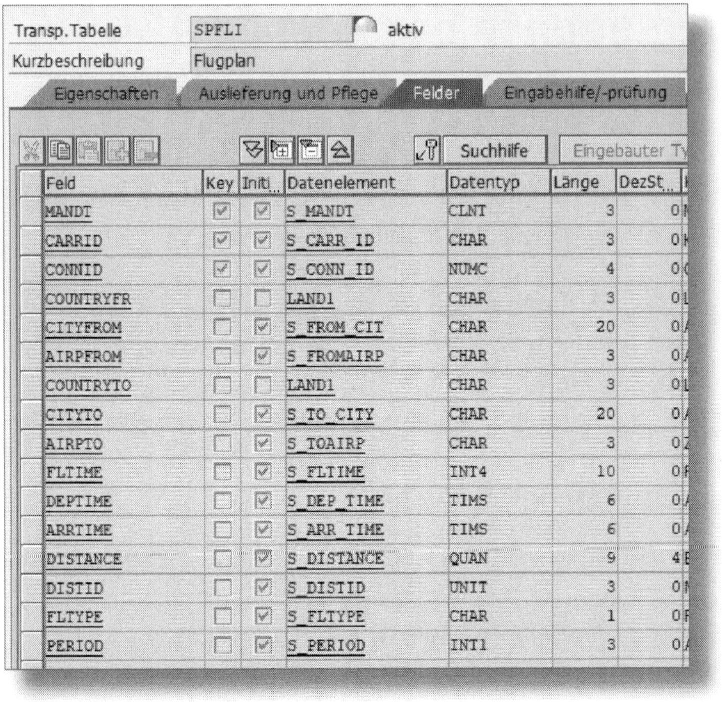

Transp.Tabelle SPFLI aktiv
Kurzbeschreibung Flugplan

Eigenschaften | Auslieferung und Pflege | Felder | Eingabehilfe/-prüfung

Suchhilfe | Eingebauter T

Feld	Key	Initi..	Datenelement	Datentyp	Länge	DezSt..
MANDT	☑	☑	S_MANDT	CLNT	3	0
CARRID	☑	☑	S_CARR_ID	CHAR	3	0
CONNID	☑	☑	S_CONN_ID	NUMC	4	0
COUNTRYFR	☐	☐	LAND1	CHAR	3	0
CITYFROM	☐	☑	S_FROM_CIT	CHAR	20	0
AIRPFROM	☐	☑	S_FROMAIRP	CHAR	3	0
COUNTRYTO	☐	☐	LAND1	CHAR	3	0
CITYTO	☐	☑	S_TO_CITY	CHAR	20	0
AIRPTO	☐	☑	S_TOAIRP	CHAR	3	0
FLTIME	☐	☑	S_FLTIME	INT4	10	0
DEPTIME	☐	☑	S_DEP_TIME	TIMS	6	0
ARRTIME	☐	☑	S_ARR_TIME	TIMS	6	0
DISTANCE	☐	☑	S_DISTANCE	QUAN	9	4
DISTID	☐	☑	S_DISTID	UNIT	3	0
FLTYPE	☐	☑	S_FLTYPE	CHAR	1	0
PERIOD	☐	☑	S_PERIOD	INT1	3	0

Abbildung 4.1: ABAP-Dictionary-Tabelle SPFLI

Auf dem AS ABAP existiert dazu der OData-Service ZFLIGHT_MODEL_SRV, der diese Tabelle als Entitätsmenge »FlightPlanSet« veröffentlicht. In meinem Buch »Praxishandbuch SAP Gateway« (Espresso Tutorials, 2021) ist genau beschrieben, wie Sie den OData-Service erstellen.

Die Metadaten des OData-Service importieren Sie in die SAP-CAP-Anwendung. Dazu öffnen Sie im SAP GUI die Transaktion */IWFND/GW_CLIENT* und geben die URL /sap/opu/odata/SAP/ZFLIGHT_MODEL_SRV/$metadata ein (siehe Abbildung 4.2). Die Metadaten kopieren Sie und speichern Sie unter dem Pfad SRV • EXTERNAL • ZFLIGHT_MODEL_SRV.EDMX des Projektverzeichnisses.

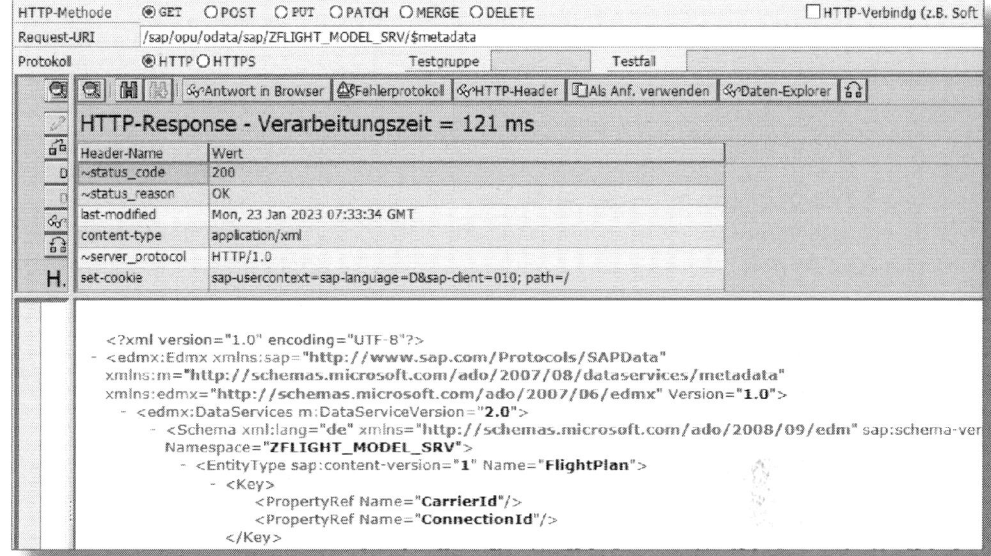

Abbildung 4.2: SAP-Gateway-Client-Metadaten-Service ZFLIGHT_MODEL_SRV

Mit dem Kommando `npx cds import srv/external/ZFLIGHT_MODEL_SRV.edmx` importieren Sie die Metadaten in die SAP-CAP-Anwendung. Das Importkommando erstellt

- die Datei »ZFLIGHT_MODEL_SRV.csn« und
- die Sektion `cds` • `requires` in der Paketkonfiguration (siehe Listing 4.1).

```
{
  "cds": {
    "requires": {
      "ZFLIGHT_MODEL_SRV": {
        "kind": "odata-v2",
        "model": "srv/external/ZFLIGHT_MODEL_SRV"
      }
    }
```

```
  }
}
```

Listing 4.1: Auszug aus der Paketkonfiguration in Datei »package.json«

In die Paketkonfiguration fügen Sie das `[backend]`-Objekt und das `[production]`-Objekt ein. Ersteres enthält die URL des OData-Service (siehe Listing 4.2) und Letzteres den Destinationsnamen (siehe Abbildung 4.5), der in der BTP zur Anwendung kommt. Der Platzhalter `<host>` steht dabei für den Hostnamen Ihres AS ABAP.

```
{
  "cds": {
    "requires": {
      "ZFLIGHT_MODEL_SRV": {
        "kind": "odata-v2",
        "model": "srv/external/ZFLIGHT_MODEL_SRV",
        "[backend]": {
          "credentials": {
            "url": " http://<host>/sap/opu/odata/sap/ZFLIGHT_MODEL_SRV"
          }
        },
        "[production]": {
          "credentials": {
            "destination": "AS_ABAP"
          }
        }
      }
    }
  }
}
```

Listing 4.2: Auszug aus der Paketkonfiguration in Datei »package.json«

Im »srv«-Ordner erstellen Sie die Servicedefinition (siehe Listing 4.3). Die Annotation `@readonly` verhindert schreibende Zugriffe. Das `using`-Statement referenziert auf die Datei »ZFLIGHT_MODEL_SRV.csn«, die Sie durch das Kommando `npx cds import` erstellt haben.

```
using { ZFLIGHT_MODEL_SRV as external } from './external/
ZFLIGHT_MODEL_SRV';

service FlightService @(path: '/sflight') {

  @readonly
  entity FlightPlan as projection on external.FlightPlanSet;

}
```

Listing 4.3: Definition Flugservice

Listing 4.4 zeigt die Serviceimplementierung. Dabei sprechen Sie die Entitätsmenge an. Bei OData-Services, die mit dem SAP Gateway erstellt wurden, enthält diese immer das Suffix »Set«. Mit der Methode `cds.connect.to` verbinden Sie sich mit dem OData-Service `ZFLIGHT_MODEL_SRV`. Sie gibt Ihnen mit der `tx`-Methode, mit der Sie CRUD-Operationen starten, ein Promise zurück.

```
const cds = require('@sap/cds');

module.exports = cds.service.impl(async function() {
  const {FlightPlanSet} = this.entities;
  const service = await cds.connect.to('ZFLIGHT_MODEL_SRV');
  this.on('READ', FlightPlanSet, request => {
    return service.tx(request).run(request.query);
  });
});
```

Listing 4.4: Implementierung Flugservice

Somit agiert SAP CAP als Proxy für den SAP-Gateway-OData-Service.

4.1.1 Test

Während des Tests können Sie entweder eine Testattrappe des OData-Service ZFLIGHT_MODEL_SRV oder die Verbindung zu einem Testsystem nutzen. Die Testattrappe konfigurieren Sie mittels CSV-Dateien, die Sie im Pfad SRV • EXTERNAL • DATA ablegen. Listing 4.5 zeigt die Testdatei für die Entitätsmenge »FlightPlanSet«.

```
CarrierId;ConnectionId;DepartureCountry;DepartureCity;Destina
tionCountry;DestinationCity
LH;1612;DE;München;PL;Warschau
LH;1613;PL;Warschau;DE;München
```

Listing 4.5: Flugplantestdaten in Datei »ZFLIGHT_MODEL_SRV-FlightPlanSet.csv«

Wichtig ist, auf den korrekten Dateinamen zu achten. Dieser setzt sich aus dem Servicenamen, dem Bindestrich und aus dem Namen der Entitätsmenge zusammen. Das Kommando `npx cds watch` verwendet standardmäßig die Testattrappe, wohingegen das Kommando `npx cds run --profile backend` sich mit dem Testsystem verbindet, das Sie in Listing 4.2 eingetragen haben.

Beim lokalen Start der SAP-CAP-Anwendung mit dem Kommando `npx cds run --profile backend` können Sie noch keine Anmeldedaten an den AS ABAP senden. Auf einem On-Premise-Testsystem ist ein Test trotzdem dann möglich, wenn Sie bereits in der Transaktion *SICF* (Pflege der Services) Anmeldedaten eingegeben haben (siehe Abbildung 4.3). In diesem Fall braucht die SAP-CAP-Anwendung keine Anmeldedaten mehr zu senden. Im Anschluss an den Test nehmen Sie die Anmeldedaten wieder zurück.

Pfad	/default_host/sap/opu/odata/sap/
Service-Name	E0101011 — Service (aktiv) Altern. Name: zflight_model_srv
Sprache	Deutsch — andere Sprachen

Beschreibung

Beschreibung 1	ZFLIGHT_MODEL_SRV
Beschreibung 2	
Beschreibung 3	

Service-Daten | Anmelde-Daten | Handler-Liste | Fehlerseiten | Administration

Verfahren: Standard — SAML-Konfiguration

☐ Alle Anmelde-Verfahren durchführen — Security Session: Nicht eingeschränkt

Anmeldedaten

Mandant	010
Benutzer	
Passwort	************
Sprache	
Passwort-Status:	Gesetzt

Sicherheitsanforderung

◉ Standard ○ SSL

Authentifizierung

◉ Standard SAP-Benutzer ○ Internet Benutzer

Reauthentifizierung

Systemweit ausgeschaltet: Nein

Abbildung 4.3: Pflege Service in Transaktion »SICF«

4.1.2 Produktivbetrieb

Im Produktivbetrieb ist es nicht sinnvoll, Anmeldedaten auf dem AS ABAP zu pflegen. Im BTP Cockpit legen Sie stattdessen Destinationen an, die die Anmeldedaten des AS ABAP enthalten.

Damit SAP CAP die Destinationen nutzen kann, ist es notwendig, XSUAA, wie in Abschnitt 2.5.1 beschrieben, zu Ihrem Projekt hinzuzufügen. Ohne XSUAA erhalten Sie die Fehlermeldung »502 Failed to load destination«; das Applikationslog enthält ferner die Meldung »Failed to load destination. Caused by: Could not find binding to service 'xsuaa', that includes credentials«. Zudem sollten Sie noch den *Destination*-Service und – falls Sie *Cloud-Konnektoren* einsetzen, um sich mit On-Premise-Systemen zu verbinden – den *Connectivity*-Service vor dem Deployment mit dem Kommandos `npx cds add destination --for production` bzw. `npx cds add connectivity --for production` hinzufügen.

Sie finden Destinationen im BTP Cockpit unter CONNECTIVITY • DESTINATIONS (siehe Abbildung 4.4).

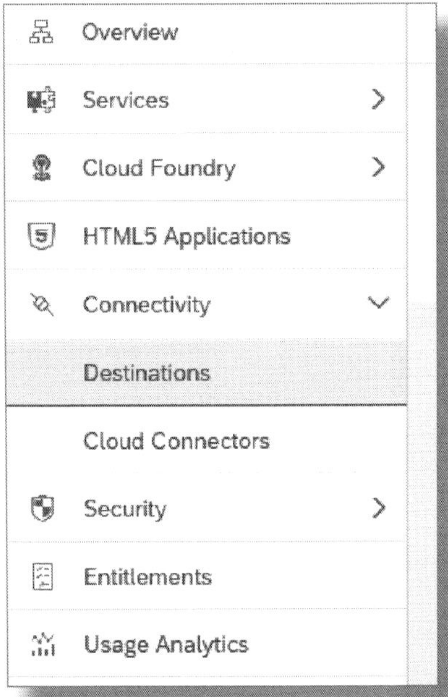

Abbildung 4.4: BTP Cockpit – Destinationen

Die Destinationen funktionieren ähnlich wie RFC-Destinationen, die Sie in der Transaktion *SM59* pflegen. Abbildung 4.5 zeigt das Formular zum Erstellen einer neuen Destination.

Name: *	AS_ABAP
Type:	HTTP
Description:	
URL: *	https://<host>/sap/opu/odata/sap/ZFLIGHT_MODEL_SRV
Proxy Type:	Internet
Authentication:	BasicAuthentication
User: *	technical_user
Password:	

Abbildung 4.5: Formular Destinationen

Sie können durch Auswahl im Feld AUTHENTICATION unter anderem folgende Authentifizierungsalgorithmen verwenden:

- *BasicAuthentication* mit Benutzer (Kommunikationsuser) und Passwort
- *ClientCertificateAuthentication* mit einem SSL-Clientzertifikat

Wenn Sie ein Clientzertifikat verwenden, sind einige Vorbereitungen auf dem AS ABAP notwendig. Im ersten Schritt importieren Sie das Zertifizierungsstellenzertifikat mit der Transaktion *STRUST* in den Trust-Manager, Ordner SSL-SERVER STANDARD (siehe Abbildung 4.6).

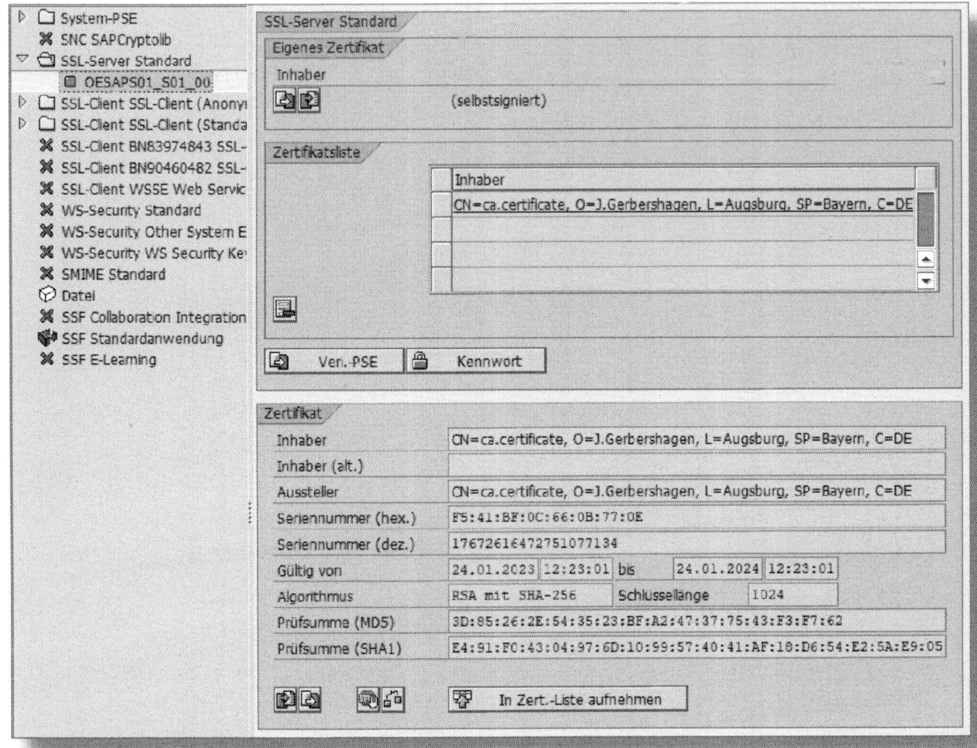

Abbildung 4.6: Ordner »Trust-Manager«

Das SSL-Clientzertifikat fügen Sie der View VUSREXTID hinzu (siehe Abbildung 4.7).

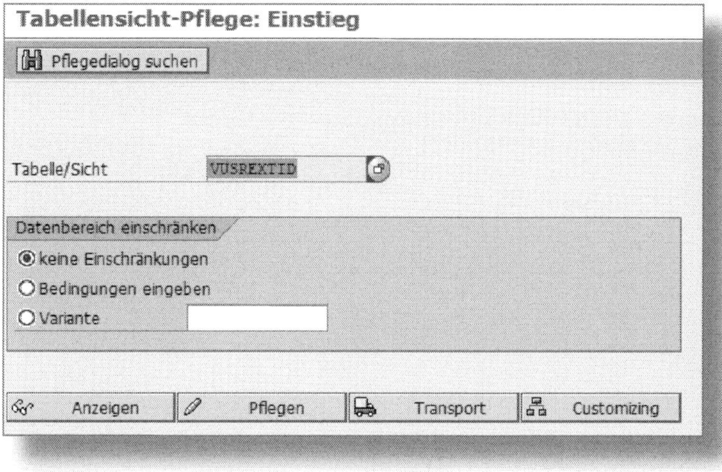

Abbildung 4.7: Pflegeview »VUSREXTID«

Nachdem Sie auf den Pflegen-Button gedrückt haben, wählen Sie im darauffolgenden Fenster den Wert *DN* für das Eingabefeld Typ der externen ID (siehe Abbildung 4.8). DN bedeutet Distinguished Name, gemeint ist der eindeutig identifizierbare Name des Zertifikats.

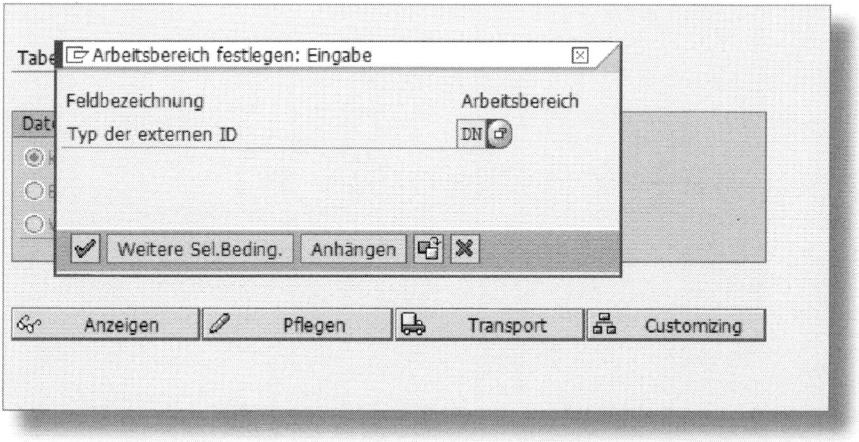

Abbildung 4.8: Pflegeview »VUSREXTID« – Arbeitsbereich

Beim Hinzufügen oder Ändern eines Eintrags können Sie mit dem Icon das Zertifikat hochladen (siehe Abbildung 4.9).

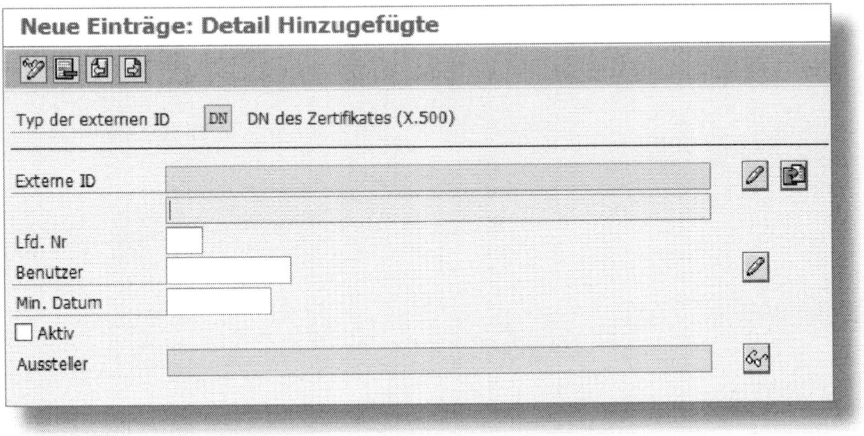

Abbildung 4.9: Pflegeview »VUSREXTID« – Eintrag hinzufügen

Anschließend geben Sie die laufende Nummer (LFD. NR), den Namen des BENUTZERS sowie das Gültig-ab-Datum (MIN. DATUM) ein und markieren die AKTIV-Checkbox (siehe Abbildung 4.10). Damit kann SAP dem Zertifikat einen Benutzer zuordnen.

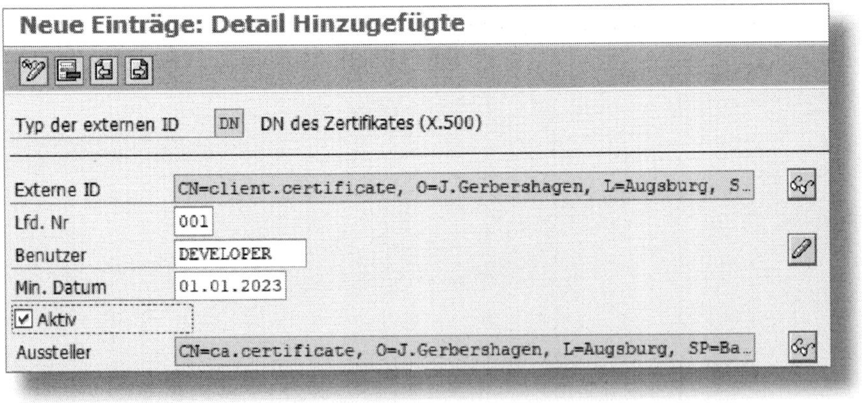

Abbildung 4.10: Pflegeview »VUSREXTID« – ausgefüllter Eintrag

Das Clientzertifikat laden Sie im letzten Schritt in die Destination (siehe Abbildung 4.11). Zu beachten ist dabei, dass das Zertifikat im PKCS12- oder im Java-Key-Store-Format vorliegen muss.

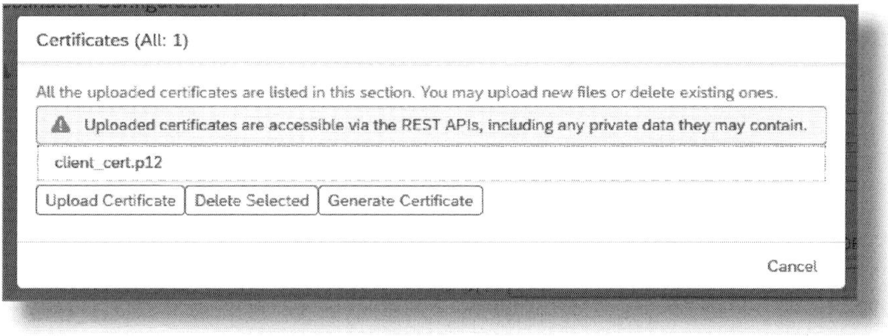

Certificates (All: 1)

All the uploaded certificates are listed in this section. You may upload new files or delete existing ones.

Uploaded certificates are accessible via the REST APIs, including any private data they may contain.

client_cert.p12

Upload Certificate | Delete Selected | Generate Certificate

Cancel

Abbildung 4.11: Clientzertifikat in die Destination hochladen

4.2 Von AS ABAP auf SAP CAP

In diesem Anwendungsszenario greift eine ABAP-Anwendung auf die SAP-CAP-Anwendung zu. Listing 4.6 zeigt einen Auszug aus der Klasse `ODATA_CLIENT`, die die Fahrzeugtypen aus dem SAP-CAP-OData-Service liest bzw. einen Fahrzeugtyp erstellt.

```
CLASS odata_client DEFINITION.

  PUBLIC SECTION.

    METHODS read_vehicle_types
      IMPORTING
        origin TYPE string
      EXPORTING
        result TYPE ztour_vehicle_types
      RAISING
        lcx_http_error.

  PRIVATE SECTION.
```

```
    METHODS get_url
      IMPORTING
        path TYPE string
        origin TYPE string
      RETURNING
        VALUE(result) TYPE string.

    METHODS call_service
      IMPORTING
        http_client TYPE REF TO if_http_client
      RETURNING
        VALUE(json_structure) TYPE xstring
      RAISING
        lcx_http_error.

ENDCLASS.

CLASS odata_client IMPLEMENTATION.

  METHOD read_vehicle_types.

   cl_http_client=>create_by_url(
     EXPORTING
       url = get_url( origin = origin
         path = '/tour/VehicleTypes' )
     IMPORTING
       client = DATA(http_client) ).
   DATA(json_structure) = call_service( http_client ).

   CALL TRANSFORMATION id
     SOURCE XML json_structure
     RESULT value = result.

  ENDMETHOD.

  METHOD call_service.
    DATA:
      ignore_node TYPE sap_bool.

    TRY.
```

```
      DATA(rest_http_client) = NEW cl_rest_http_client(
        http_client ).

      " HTTP-GET-Request
      rest_http_client->if_rest_resource~get( ).
      json_structure = rest_http_client->if_rest_client~get_
response_entity( )->get_binary_data( ).
    CATCH cx_rest_client_exception INTO
        DATA(rest_client_exception).
      IF rest_client_exception->if_t100_message~t100key =
         rest_client_exception->http_client_comm_failure.
        http_client->get_last_error(
          IMPORTING
            code = DATA(return_code)
            message = DATA(error_message) ).
        RAISE EXCEPTION TYPE lcx_http_error
          EXPORTING
            textid = lcx_http_error=>http_error
            return_code = return_code
            error_message = error_message.
      ELSE.
        RAISE EXCEPTION rest_client_exception.
      ENDIF.
    ENDTRY.

    DATA(reader) = cl_sxml_string_reader=>create(
      json_structure ).
    DATA(writer) = CAST if_sxml_writer(
      cl_sxml_string_writer=>create(
        type = if_sxml=>co_xt_json ) ).

    " Parsen JSON-Daten
    DO.
      DATA(node) = reader->read_next_node( ).
      IF node IS INITIAL.
        EXIT.
      ENDIF.
      IF node->type = if_sxml_node=>co_nt_element_open.
        DATA(attributes) = CAST if_sxml_open_element(
          node )->get_attributes( ).
```

```
      LOOP AT attributes ASSIGNING
          FIELD-SYMBOL(<attribute>).
        IF <attribute>->qname-name = 'name'.
          IF <attribute>->get_value( ) = '@odata.context'.
            ignore_node = abap_true.
          ELSE.
            ignore_node = abap_false.
          ENDIF.

          " Konvertierung in Grossbuchstaben
          <attribute>->set_value(
            to_upper( <attribute>->get_value( ) ) ).
        ENDIF.
      ENDLOOP.
    ENDIF.
    " Entfernen der Komponente @odata.context
    " ignore_node = abap_true, wenn die Komponente
    " @odata.context an der Reihe ist.
    IF ignore_node = abap_false.
      writer->write_node( node ).
    ENDIF.
  ENDDO.

  json_structure = CAST cl_sxml_string_writer(
    writer )->get_output( ) .

ENDMETHOD.

METHOD get_url.

  result = |{ origin }{ path }|.

ENDMETHOD.

ENDCLASS.
```

Listing 4.6: OData-Client mit ABAP

Zuerst erzeugt das Programm einen HTTP-Client mit der Methode `cl_http_client=>create_by_url`. In der Methode `call_service` erfolgt der HTTP-GET-Request. Die Antwort liegt im JSON-Format vor und wird vor der Identity-Transformation bearbeitet:

- Entfernen der Komponente `@odata.context` aus den JSON-Daten, da diese Komponente bei der Transformation zum Laufzeitfehler CX_XSLT_FORMAT_ERROR führt
- Ändern aller Komponentennamen in Großbuchstaben

Nach dem Bearbeiten erfolgt die Identity-Transformation mit dem Statement `CALL TRANSFORMATION id`, um die JSON-Daten in ABAP-Datentypen zu überführen.

Bei schreibenden Zugriffen gehen Sie umgekehrt vor: Die ABAP-Daten transformieren Sie in das JSON-Format. Zu beachten ist hierbei, dass die Komponentennamen, die Sie in JSON-Dateien an den SAP-CAP-OData-Service senden, Case-sensitive sind, d. h., die Groß- und Kleinschreibung der einzelnen Buchstaben ist zu berücksichtigen. Aus diesem Grund müssen Sie die JSON-Daten nach der Transformation meistens noch nachbearbeiten. In Listing 4.7 transformiert die Methode `/ui2/if_serialize~serialize` (Klasse `/ui2/cl_json_serializer`) die ABAP-Daten in eine JSON-Datei.

```
METHOD create_inactive_vehicle_type.

  cl_http_client=>create_by_url(
    EXPORTING url =
      get_url(
        origin = origin
        path = '/tour/VehicleTypes' )
    IMPORTING
      client = DATA(http_client) ).

  DATA(json_text) = NEW /ui2/cl_json_serializer(
    )->/ui2/if_serialize~serialize(
  ir_data = REF #( vehicle_type ) ).
  create_entity(
    http_client = http_client
    json_structure = process_entity(
    json_text = json_text
    entity_set_name = 'VehicleTypes'
```

```
    origin = origin ) ).

ENDMETHOD.

METHOD create_entity.

  TRY.
    DATA(rest_http_client) = NEW cl_rest_http_client(
      http_client ).
    DATA(http_request_entity) = rest_http_client-
      >if_rest_client~create_request_entity( ).
    http_request_entity->set_content_type(
      'application/json' ).
    http_request_entity->set_binary_data(
      json_structure ).
    " HTTP-POST-Request
    rest_http_client->if_rest_resource~post(
      http_request_entity ).
  CATCH cx_rest_client_exception INTO
      DATA(rest_client_exception).
    IF rest_client_exception->if_t100_message~t100key =
       rest_client_exception->http_client_comm_failure.
      http_client->get_last_error(
        IMPORTING
          code = DATA(return_code)
          message = DATA(error_message) ).
      RAISE EXCEPTION TYPE lcx_http_error
        EXPORTING
          textid = lcx_http_error=>http_error
          return_code = return_code
          error_message = error_message.
    ELSE.
      RAISE EXCEPTION rest_client_exception.
    ENDIF.
  ENDTRY.

ENDMETHOD.
```

Listing 4.7: Methoden »create_inactive_vehicle_type« und »create_entity« der Klasse »odata_client«

Die Komponentennamen sind dabei standardmäßig kleingeschrieben (siehe Listing 4.8).

```
{
  "id": null,
  "text": "Transporter"
}
```

Listing 4.8: JSON-Serialisierung mit kleingeschriebenen Komponentennamen

In den Metadaten ist Groß- und Kleinschreibung richtig angegeben. Die Methode `process_entity` (siehe Listing 4.9) übernimmt die Nachbearbeitung: Die Komponentennamen werden dabei mit der richtigen Schreibweise aus den Metadaten überschrieben. Zudem entfernt die Methode Komponenten vom Typ UUID, da diese von SAP CAP vergeben werden. Die Methode `process_entity` produziert damit eine JSON-Datei, die an den SAP-CAP-OData-Service gesendet werden kann.

```
METHOD process_entity.
  TYPES:
    BEGIN OF _entity_properties,
      property_name TYPE string,
      lower_case_name TYPE string,
      property_type TYPE string,
    END OF _entity_properties.
  DATA:
    ignore_node TYPE sap_bool,
    entity_properties TYPE STANDARD TABLE OF
      _entity_properties.

  DATA(metadata) = get_metadata( origin ).
  metadata->get_entity_set_properties(
    EXPORTING
      i_entity_container_name = 'EntityContainer'
      i_entity_set_name = entity_set_name
    IMPORTING
      et_properties = DATA(entity_odata_properties) ).
  DELETE entity_odata_properties WHERE
  property_type = 'Edm.Guid'.
```

```
LOOP AT entity_odata_properties REFERENCE
    INTO DATA(odata_prop).
  INSERT VALUE #(
    property_name = odata_prop->*-property_name
    lower_case_name = to_lower(
      odata_prop->*-property_name )
    property_type = odata_prop->*-property_type )
    INTO TABLE entity_properties.
ENDLOOP.

cl_abap_conv_out_ce=>create(
  encoding = 'UTF-8' )->convert(
  EXPORTING
    data = json_text
  IMPORTING
    buffer = json_structure ).

DATA(reader) = cl_sxml_string_reader=>create(
  json_structure ).
DATA(writer) = CAST if_sxml_writer(
  cl_sxml_string_writer=>create(
    type = if_sxml=>co_xt_json ) ).

" Parsen JSON-Daten
DO.
  DATA(node) = reader->read_next_node( ).
  IF node IS INITIAL.
    EXIT.
  ENDIF.
  IF node->type = if_sxml_node=>co_nt_element_open.
   DATA(attributes) = CAST if_sxml_open_element(
     node )->get_attributes( ).
   LOOP AT attributes ASSIGNING
       FIELD-SYMBOL(<attribute>).
     IF <attribute>->qname-name = 'name'.
       DATA(lower_case_name) =
         <attribute>->get_value( ).
       READ TABLE entity_properties REFERENCE
```

```
          INTO DATA(entity_prop)
          WITH KEY lower_case_name = lower_case_name.
        IF sy-subrc = 0.
          " Case-sensitive Umwandlung
          <attribute>->set_value(
            entity_prop->*-property_name ).
          ignore_node = abap_false.
        ELSE.
          ignore_node = abap_true.
        ENDIF.
      ENDIF.
    ENDLOOP.
   ENDIF.
   IF ignore_node = abap_false.
     writer->write_node( node ).
   ENDIF.
 ENDDO.

 json_structure = CAST
   cl_sxml_string_writer( writer )->get_output( ) .

ENDMETHOD.

METHOD get_metadata.

  cl_http_client=>create_by_url(
    EXPORTING
      url = get_url(
        origin = origin
        path = '/v2/tour/$metadata' )
    IMPORTING
      client = DATA(http_client) ).

  TRY.
    DATA(rest_http_client) = NEW cl_rest_http_client(
      http_client ).
    rest_http_client->if_rest_resource~get( ).
    DATA(binary_metadata) = rest_http_client->if_rest_
client~get_response_entity( )->get_binary_data( ).
```

```
    result = NEW cl_ecatt_apl_odata_metadata(
      binary_metadata ).

  CATCH cx_rest_client_exception INTO
    DATA(rest_client_exception).
    IF rest_client_exception->if_t100_message~t100key =
       rest_client_exception->http_client_comm_failure.
      http_client->get_last_error(
        IMPORTING
          code = DATA(return_code)
          message = DATA(error_message) ).
      RAISE EXCEPTION TYPE lcx_http_error
        EXPORTING
          textid = lcx_http_error=>http_error
          return_code = return_code
          error_message = error_message.
    ELSE.
      RAISE EXCEPTION rest_client_exception.
    ENDIF.
  ENDTRY.

ENDMETHOD.
```

Listing 4.9: Nachbearbeitung JSON-Datei in Methode »process_entity«

Die Methoden `create_inactive_vehicle_type` und `create_entity` (siehe Listing 4.7) übernehmen das Senden des HTTP-POST-Requests.

Listing 4.10 zeigt zusammenfassend die gesamte Klasse `odata_client`.

```
CLASS lcx_http_error DEFINITION
  INHERITING FROM cx_static_check.

  PUBLIC SECTION.
    DATA:
      return_code TYPE sysubrc,
      error_message TYPE string.
```

```
    INTERFACES if_t100_message.

    CONSTANTS:
      BEGIN OF http_error,
        msgid TYPE symsgid VALUE 'ZTOUR',
        msgno TYPE symsgno VALUE '000',
        attr1 TYPE scx_attrname VALUE 'RETURN_CODE',
        attr2 TYPE scx_attrname VALUE 'ERROR_MESSAGE',
        attr3 TYPE scx_attrname VALUE '',
        attr4 TYPE scx_attrname VALUE '',
      END OF http_error.

    METHODS constructor
      IMPORTING
        textid TYPE scx_t100key
        previous TYPE REF TO cx_root OPTIONAL
        return_code TYPE sysubrc
        error_message TYPE string.

ENDCLASS.

CLASS odata_client DEFINITION.

  PUBLIC SECTION.

    METHODS read_vehicle_types
      IMPORTING
        origin TYPE string
      EXPORTING
        result TYPE ztour_vehicle_types
      RAISING
        lcx_http_error.

    METHODS create_inactive_vehicle_type
      IMPORTING
        vehicle_type TYPE ztour_vehicle_type
        origin TYPE string
      RAISING
        cx_ecatt_apl_odata_tst
        lcx_http_error.
```

```
PRIVATE SECTION.

  METHODS get_url
    IMPORTING
      path TYPE string
      origin TYPE string
    RETURNING
      VALUE(result) TYPE string.

  METHODS call_service
    IMPORTING
      http_client TYPE REF TO if_http_client
    RETURNING
      VALUE(json_structure) TYPE xstring
    RAISING
      lcx_http_error.

  METHODS create_entity
    IMPORTING
      http_client TYPE REF TO if_http_client
      json_structure TYPE xstring
    RAISING
     lcx_http_error.

 METHODS get_metadata
   IMPORTING
     origin TYPE string
   RETURNING
     VALUE(result) TYPE REF TO cl_ecatt_apl_odata_metadata
   RAISING
     cx_ecatt_apl_odata_tst
     lcx_http_error.

 METHODS process_entity
   IMPORTING
     origin TYPE string
     json_text TYPE string
     entity_set_name TYPE string
   RETURNING
```

```
      VALUE(json_structure) TYPE xstring
    RAISING
      cx_ecatt_apl_odata_tst
      lcx_http_error.

ENDCLASS.

CLASS lcx_http_error IMPLEMENTATION.

  METHOD constructor.

    super->constructor( previous = previous ).
    IF textid IS INITIAL.
      if_t100_message~t100key =
      if_t100_message=>default_textid.
    ELSE.
      if_t100_message~t100key = textid.
    ENDIF.
    me->return_code = return_code.
    me->error_message = error_message.

  ENDMETHOD.

ENDCLASS.

CLASS odata_client IMPLEMENTATION.

  METHOD read_vehicle_types.

    cl_http_client=>create_by_url(
      EXPORTING
        url = get_url(
          origin = origin
          path = '/tour/VehicleTypes' )
      IMPORTING
        client = DATA(http_client) ).
    DATA(json_structure) = call_service( http_client ).

    CALL TRANSFORMATION id
      SOURCE XML json_structure
```

```
    RESULT value = result.

  ENDMETHOD.

  METHOD create_inactive_vehicle_type.

    cl_http_client=>create_by_url(
      EXPORTING
        url = get_url(
          origin = origin
          path = '/tour/VehicleTypes' )
      IMPORTING
        client = DATA(http_client) ).

    DATA(json_text) = NEW /ui2/cl_json_serializer( )->/ui2/
if_serialize~serialize(
    ir_data = REF #( vehicle_type ) ).
    create_entity(
      http_client = http_client
      json_structure = process_entity(
        json_text = json_text
        entity_set_name = 'VehicleTypes'
        origin = origin ) ).

  ENDMETHOD.

  METHOD process_entity.
    TYPES:
      BEGIN OF _entity_properties,
        property_name TYPE string,
        lower_case_name TYPE string,
        property_type TYPE string,
      END OF _entity_properties.
    DATA:
      ignore_node TYPE sap_bool,
      entity_properties TYPE STANDARD TABLE OF
        _entity_properties.

    DATA(metadata) = get_metadata( origin ).
    metadata->get_entity_set_properties(
```

```
  EXPORTING
    i_entity_container_name = 'EntityContainer'
    i_entity_set_name = entity_set_name
  IMPORTING
    et_properties = DATA(entity_odata_properties) ).
DELETE entity_odata_properties
  WHERE property_type = 'Edm.Guid'.

LOOP AT entity_odata_properties REFERENCE
    INTO DATA(odata_prop).
  INSERT VALUE #(
    property_name = odata_prop->*-property_name
    lower_case_name = to_lower(
      odata_prop->*-property_name )
    property_type = odata_prop->*-property_type )
    INTO TABLE entity_properties.
ENDLOOP.

cl_abap_conv_out_ce=>create(
  encoding = 'UTF-8' )->convert(
  EXPORTING
    data = json_text
  IMPORTING
    buffer = json_structure ).

DATA(reader) = cl_sxml_string_reader=>create(
  json_structure ).
DATA(writer) = CAST if_sxml_writer(
  cl_sxml_string_writer=>create(
    type = if_sxml=>co_xt_json ) ).

" Parsen JSON-Daten
DO.
  DATA(node) = reader->read_next_node( ).
  IF node IS INITIAL.
    EXIT.
  ENDIF.
  IF node->type = if_sxml_node=>co_nt_element_open.
    DATA(attributes) = CAST if_sxml_open_element(
      node )->get_attributes( ).
```

```
      LOOP AT attributes ASSIGNING
          FIELD-SYMBOL(<attribute>).
        IF <attribute>->qname-name = 'name'.
          DATA(lower_case_name) =
            <attribute>->get_value( ).
          READ TABLE entity_properties REFERENCE
            INTO DATA(entity_prop)
            WITH KEY lower_case_name = lower_case_name.
          IF sy-subrc = 0.
            " Konvertierung in Groß- und Kleinbuchstaben
            <attribute>->set_value(
              entity_prop->*-property_name ).
            ignore_node = abap_false.
          ELSE.
            ignore_node = abap_true.
          ENDIF.
        ENDIF.
      ENDLOOP.
    ENDIF.
    IF ignore_node = abap_false.
      writer->write_node( node ).
    ENDIF.
  ENDDO.

  json_structure =
    CAST cl_sxml_string_writer( writer )->get_output( ) .

ENDMETHOD.

METHOD get_metadata.

  cl_http_client=>create_by_url(
    EXPORTING
      url = get_url(
        origin = origin
        path = '/v2/tour/$metadata' )
    IMPORTING
      client = DATA(http_client) ).

  TRY.
```

```
      DATA(rest_http_client) = NEW cl_rest_http_client(
        http_client ).
      rest_http_client->if_rest_resource~get( ).
      DATA(binary_metadata) = rest_http_client->if_rest_
client~get_response_entity( )->get_binary_data( ).
      result = NEW cl_ecatt_apl_odata_metadata(
        binary_metadata ).

    CATCH cx_rest_client_exception INTO
        DATA(rest_client_exception).
      IF rest_client_exception->if_t100_message~t100key =
          rest_client_exception->http_client_comm_failure.
        http_client->get_last_error(
          IMPORTING
            code = DATA(return_code)
            message = DATA(error_message) ).
        RAISE EXCEPTION TYPE lcx_http_error
          EXPORTING
            textid = lcx_http_error=>http_error
            return_code = return_code
            error_message = error_message.
      ELSE.
        RAISE EXCEPTION rest_client_exception.
      ENDIF.
    ENDTRY.

  ENDMETHOD.

   METHOD call_service.
     DATA:
       ignore_node TYPE sap_bool.

     TRY.
       DATA(rest_http_client) = NEW cl_rest_http_client(
         http_client ).
       " HTTP-GET-Request
       rest_http_client->if_rest_resource~get( ).
       json_structure = rest_http_client->if_rest_client~get_
response_entity( )->get_binary_data( ).
```

```
CATCH cx_rest_client_exception INTO
     DATA(rest_client_exception).
  IF rest_client_exception->if_t100_message~t100key =
     rest_client_exception->http_client_comm_failure.
   http_client->get_last_error(
     IMPORTING
       code = DATA(return_code)
       message = DATA(error_message) ).
   RAISE EXCEPTION TYPE lcx_http_error
     EXPORTING
       textid = lcx_http_error=>http_error
       return_code = return_code
       error_message = error_message.
  ELSE.
    RAISE EXCEPTION rest_client_exception.
  ENDIF.
ENDTRY.

DATA(reader) = cl_sxml_string_reader=>create(
  json_structure ).
DATA(writer) = CAST if_sxml_writer(
  cl_sxml_string_writer=>create(
    type = if_sxml=>co_xt_json ) ).
" Parsen JSON-Daten
DO.
  DATA(node) = reader->read_next_node( ).
  IF node IS INITIAL.
    EXIT.
  ENDIF.
  IF node->type = if_sxml_node=>co_nt_element_open.
    DATA(attributes) = CAST if_sxml_open_element(
      node )->get_attributes( ).
    LOOP AT attributes ASSIGNING
        FIELD-SYMBOL(<attribute>).
      IF <attribute>->qname-name = 'name'.
        IF <attribute>->get_value( ) =
           '@odata.context'.
          ignore_node = abap_true.
        ELSE.
          ignore_node = abap_false.
```

```
            ENDIF.

            " Grossbuchstaben
            <attribute>->set_value(
              to_upper( <attribute>->get_value( ) ) ).
          ENDIF.
        ENDLOOP.
      ENDIF.

      " Entfernen der Komponente @odata.context
      " ignore_node = abap_true, wenn die Komponente
      " @odata.context geparst wird.
      IF ignore_node = abap_false.
        writer->write_node( node ).
      ENDIF.
    ENDDO.
    json_structure = CAST cl_sxml_string_writer(
      writer )->get_output( ) .

  ENDMETHOD.

  METHOD create_entity.

    TRY.
      DATA(rest_http_client) = NEW cl_rest_http_client(
        http_client ).
      DATA(http_request_entity) = rest_http_client->if_rest_
client~create_request_entity( ).
      http_request_entity->set_content_type(
        'application/json' ).
      http_request_entity->set_binary_data(
        json_structure ).
      " HTTP-POST-Request
      rest_http_client->if_rest_resource~post(
        http_request_entity ).
    CATCH cx_rest_client_exception INTO
        DATA(rest_client_exception).
      IF rest_client_exception->if_t100_message~t100key =
        rest_client_exception->http_client_comm_failure.
        http_client->get_last_error(
```

```
          IMPORTING
            code = DATA(return_code)
            message = DATA(error_message) ).
        RAISE EXCEPTION TYPE lcx_http_error
          EXPORTING
            textid = lcx_http_error=>http_error
            return_code = return_code
            error_message = error_message.
      ELSE.
        RAISE EXCEPTION rest_client_exception.
      ENDIF.
    ENDTRY.

  ENDMETHOD.

  METHOD get_url.

    result = |{ origin }{ path }|.

  ENDMETHOD.

ENDCLASS.
```

Listing 4.10: Klasse »odata_client« – Interaktion mit SAP-CAP-OData-Service

5 Fazit

Ich hoffe, ich konnte Ihnen zum Thema SAP CAP einige Hintergründe erläutern und Ihnen so den Start in ein neues Programmiermodell ermöglichen. Durch den schnellen Wandel der Cloud-Technologien ist in Zukunft mit einigen Änderungen bei SAP CAP zu rechnen und damit, dass manche Lösungsansätze, die in diesem Buch vorgestellt sind, durch neue ersetzt werden. Ziel dieses Buches soll es daher nicht sein, die neuesten Lösungsansätze zu präsentieren, sondern Ihnen das Handwerkszeug zu vermitteln, um solide SAP-CAP-Applikationen zu erstellen.

In der Praxis gibt es sicherlich einige interessante Anwendungsfälle für SAP CAP, insbesondere wenn es darum geht, SAP-Systeme in mehrere kleine Subsysteme (Microservices) aufzubrechen. Ein Vorteil, den SAP CAP Ihnen bietet, ist der Wegfall eines monolithischen Applikationsservers. In der Praxis hat sich gezeigt, dass sich bei kleineren Systemen leichter Wartungsfenster finden lassen und dass der Komplettausfall von vielen kleinen Systemen unwahrscheinlicher ist als derjenige eines monolithischen Systems.

A Der Autor

Johannes Gerbershagen hat an der Hochschule Ulm Produktionstechnik und Organisation, also eher maschinenbaulastige Fächer, studiert. Seine ersten Erfahrungen mit ABAP sammelte er 2013 im Rahmen einer Werkstudententätigkeit.

Seitdem ist er als Entwickler für die Automobilzulieferindustrie tätig. Nebenberuflich arbeitet Gerbershagen als Autor sowie als Open-Source-Entwickler.

B Index

N

O

P

R

S

T

U

V

X

C Disclaimer

Die in diesem Werk wiedergegebenen Gebrauchsnamen, Handelsnamen, Warenbezeichnungen usw. können auch ohne besondere Kennzeichnung Marken sein und als solche den gesetzlichen Bestimmungen unterliegen. Sämtliche in diesem Werk abgedruckten Bildschirmabzüge unterliegen dem Urheberrecht der SAP SE, Dietmar-Hopp-Allee 16, 69190 Walldorf.

In dieser Publikation wird auf Produkte der SAP SE Bezug genommen. SAP, R/3, SAP NetWeaver, Duet, PartnerEdge, ByDesign, SAP BusinessObjects Explorer, StreamWork und weitere im Text erwähnte SAP-Produkte und -Dienstleistungen sowie die entsprechenden Logos sind Marken oder eingetragene Marken der SAP SE in Deutschland und anderen Ländern. Business Objects und das Business-Objects-Logo, BusinessObjects, Crystal Reports, Crystal Decisions, Web Intelligence, Xcelsius und andere im Text erwähnte Business-Objects-Produkte und -Dienstleistungen sowie die entsprechenden Logos sind Marken oder eingetragene Marken der Business Objects Software Ltd. Business Objects ist ein Unternehmen der SAP SE. Sybase und Adaptive Server, iAnywhere, Sybase 365, SQL Anywhere und weitere im Text erwähnte Sybase-Produkte und -Dienstleistungen sowie die entsprechenden Logos sind Marken oder eingetragene Marken der Sybase Inc. Sybase ist ein Unternehmen der SAP SE. Alle anderen Namen von Produkten und Dienstleistungen sind Marken der jeweiligen Firmen. Die Angaben im Text sind unverbindlich und dienen lediglich zu Informationszwecken. Produkte können länderspezifische Unterschiede aufweisen.

Der SAP-Konzern übernimmt keinerlei Haftung oder Garantie für Fehler oder Unvollständigkeiten in dieser Publikation. Der SAP-Konzern steht lediglich für SAP-Produkte und -Dienstleistungen nach der Maßgabe ein, die in der Vereinbarung über die jeweiligen Produkte und Dienstleistungen ausdrücklich geregelt ist. Aus den in dieser Publikation enthaltenen Informationen ergibt sich keine weiterführende Haftung.

Weitere Bücher von Espresso Tutorials

Tobias Steckenborn:

Schnelleinstieg SAP® Business Technology Platform (BTP) – Services und Integration

- Anwendungsentwicklung in der Cloud
- Verwendung des SAP Cloud Application Programming Model
- Unterstützende Services der Cloud-Foundry-Umgebung
- Überblick über Integrationsmöglichkeiten

http://5642.espresso-tutorials.de

Johannes Gerbershagen:

Praxishandbuch SAP® Gateway

- Basis des Programmiermodells ABAP RESTful
- SAP-seitige Implementierung des OData-Protokolls
- Schnittstelle für UI5-Apps
- Praxisnahe Tipps für Entwicklung, Test und Debugging

http://5648.espresso-tutorials.de

Dr. Boris Rubarth:

Schnelleinstieg in SAP ABAP® – 2., erweiterte Auflage

- Schritt-für-Schritt-Anleitungen für Anfänger
- Hilfen für Ihre erste eigene ABAP-Anwendung
- Tipps und Tricks für das Programmieren in ABAP
- Entwicklung mit den ABAP Development Tools (ADT)

https://es-tu.de/amfw2F

Ulrich Bähr, Axel Treusch:

Praxisbuch SAP® Interactive Forms und Adobe LiveCycle Designer – 2., erweiterte Auflage

- Adobe-Produktwelt und PDF-Typen verstehen
- Grafische und Eingabeobjekte – die Bausteine eines Formulars
- XDP-Templates anlegen, einrichten, ex- und importieren
- Was ist neu im AEM Forms Designer (bisher LifeCycle Designer)?

https://es-tu.de/nspidt